AF343815

TROISIÈME ÉDITION

# LE PARFUM

DE

# LA FEMME

ET

## LE SENS OLFACTIF DANS L'AMOUR

ÉTUDE PSYCHO-PHYSIOLOGIQUE

PAR

## AUGUSTIN GALOPIN

Professeur de Physiologie générale ;
Directeur de l'Hygiène contemporaine ; Lauréat des hôpitaux,
de l'École de Médecine et de l'Association française ;
Membre correspondant
de l'Académie Christophe Colomb, de Marseille, etc.

*L'Homme commande à la Femme et lui obéissant.*

PARIS

E. DENTU, ÉDITEUR

LIBRAIRE DE LA SOCIÉTÉ DES GENS DE LETTRES

PALAIS-ROYAL, 15-17-19, GALERIE D'ORLÉANS

# LE PARFUM
# DE LA FEMME

Tb 57/5

# OUVRAGES DU MÊME AUTEUR



---


Imprimerie ÉMILE COLIN, à Saint-Germain.

# LE PARFUM

## DE

# LA FEMME

### ET

### LE SENS OLFACTIF DANS L'AMOUR

#### ÉTUDE PSYCHO-PHYSIOLOGIQUE

PAR

## AUGUSTIN GALOPIN

Professeur de Physiologie générale ;
Directeur de l'Hygiène contemporaine ; Lauréat des hôpitaux,
de l'École de Médecine et de l'Association française ;
Membre correspondant
de l'Académie Christophe Colomb, de Marseille, etc.

*L'Homme commande à la Femme en lui obéissant.*

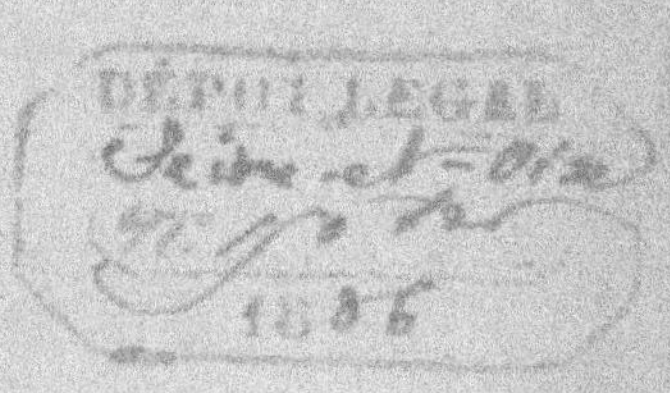

## PARIS

### E. DENTU, ÉDITEUR

LIBRAIRE DE LA SOCIÉTÉ DES GENS DE LETTRES

PALAIS-ROYAL, 15-17-19, GALERIE D'ORLÉANS

1886

Tous droits réservés.

# A NOS LECTEURS

ET

# A NOS INTELLIGENTES LECTRICES

———

Avant d'aborder de pied ferme le terrain psychologique et brûlant du *Parfum de la Femme*, veuillez me permettre de vous mettre en garde, si vous n'y êtes déjà, contre cette phrase stupide : « *C'est un matérialiste* », qui compose généralement tout le bagage philosophique de cette classe de *vidés* qui ont pour devise : « *Courte et bonne !* »

Les neuf dixièmes des gens qui crient, après un dîner copieux : « *A bas le matérialisme !* » n'en connaissent pas plus l'histoire scientifique que ceux qui criaient : « *A bas la colonne !* » connaissaient l'histoire de leur pays.

A côté de ces ignorants, ou gens de mauvaise foi, dont je ne me soucie guère, il y a la classe des hommes qui pensent et qui raisonnent sans fiel et sans parti pris. C'est à cette classe de gens d'esprit-là que je m'adresse, et c'est pour elle, pour elle seule, que je tiens à dire deux mots de cette contradiction philosophico-scientifique.

Le livre que j'ai l'honneur de vous offrir ne m'a été dicté, ni par un esprit *matérialiste*, ni par un esprit *spiritualiste*; il y a longtemps que ces mots-là ne m'indiquent plus que de la confusion.

Rien n'est isolé dans la science physiologique, tout y e t relatif.

Le *parfum de la femme* a mille attributs, et, comme vous le verrez, mille points d'application que vous classerez dans les domaines du matérialisme ou du spiritualisme, à volonté, sans me faire le moindre tort, ni à vous non plus.

Ce que je désire, c'est attirer votre attention sur un sujet d'étude nouveau; c'est vous signaler un ces plus vastes champs de la pensée et des passions humaines dont l'exploration n'a pas encore été faite; ce que je désire, c'est d'étendre les domaines des jouissances légitimes d'êtres, dont les trois quarts de la vie se passent dans les douleurs et les infirmités de toutes sortes; ce que je désire, enfin, c'est de vous initier aux secrets de cette nature si merveilleusement équilibrée dans ses grandes et savantes lois d'ensemble et si partiale et, parfois, si marâtre dans ses régions divisionnaires et ses microscopiques unités.

Notre illustre maître et ami, Littré, disait : « *Pour diriger les hommes, il faut connaître les hommes* ». Nous pensons, avec lui, que la plus belle étude pour l'homme, c'est celle de l'homme lui-même.

Voilà pourquoi nous avons fait, du *Parfum de la Femme*, l'objet d'une étude profonde des qualités et des vices du cœur humain.

Je crains de ne pas toujours être à la hauteur de ma tâche ; mais je compte sur votre indulgence éclairée. Ce dont je suis sûr, c'est d'être toujours sincère et respectueux dans l'exposition d'un sujet où se déroulent tant de joies, tant de douleurs et tant de passions diverses.

Cependant, il ne faut pas toujours oublier l'ennemi, sous prétexte qu'il a été vaincu. C'est pourquoi je vous prie de m'excuser si j'aborde, ici, tout à l'heure, une question si abstraite en apparence et pourtant si positive par ses applications dans la vie commune.

J'espère que mon laconisme, sur cette matière, vous fera oublier la liberté que je vais prendre, et dont, mesdames, je vous demande humblement pardon.

***

Dès que vous avez osé dire que l'activité mentale avait pour corrélatif l'activité de l'oxydation du cerveau, vous êtes *maudit* ; quand vous en donnez la preuve en montrant qu'une grande activité de l'esprit est suivie de l'excrétion d'une quantité notable de phosphates alcalins, vous êtes *roussi!*...

Que ceux qui ne craignent pas trop l'Enfer, nous suivent dans les sentiers odorants du Paradis terrestre, avec cette conviction que : le caractère d'une pensée, c'est qu'elle est la création du cerveau humain, et qu'on trouve le principe fécondant de cette pensée dans la perception par les sens... Supprimez les sens et vous supprimez la pensée.

La première qualité d'un esprit scientifique, c'est la tolérance pour toutes les philosophies. La tolérance en philosophie commande la tolérance religieuse.

Rien n'est, à la fois, plus despotique et plus sot que de vouloir imposer aux autres sa manière de penser, de croire et de voir. C'est trop d'outrecuidance; et l'orgueil, à ce degré là, n'est pas plus tolérable chez des croyants que chez des athées.

Toutes les opinions sont respectables et doivent être respectées, du moment qu'elles sont sincères.

Quant aux opinions de circonstance ou d'emprunt, basées sur un intérêt sordide, nous ne leur faisons pas l'honneur de la discussion.

Les hommes ont le tort de croire que la loi construit le monde au lieu d'en être le résultat et d'en recevoir sa lumière; tant qu'il en sera ainsi, l'esprit humain dormira dans les ténèbres, et l'on continuera d'opposer l'idée à l'expérience, au lieu d'entraîner l'expérience par l'idée.

Nous avons, sur la *vile matière*, des idées qui ne se sont nettement établies qu'après s'être modifiées dans le creuset de l'expérimentation scientifique, et par le commerce d'hommes reconnus comme des maîtres de la pensée humaine; Pouchet, l'illustre auteur de la *Génération spontanée*, guida nos premiers pas dans la science positive; Littré nous y retint longtemps par sa profonde érudition; et Claude Bernard nous y entraîna vertigineusement à la suite de son imagination bouillante et de sa noble amitié, qui n'avait ni bornes ni limites pour ceux que son grand cœur aimait.

Cependant, il est inutile d'ajouter que l'exposition que nous ferons de ces idées a droit à un examen affranchi de préjugés.

La science pure doit toujours être préservée de cette étiquette de trembleurs, qui défend à certaines classes d'hommes d'entretenir librement des relations avec d'autres.

Nos moyens d'investigation n'ont plus de bornes, depuis que l'inconnu n'a plus de barrières.

Grâce au microscope, nous nous développerons librement en puissance dans la réalité.

Laissez les ignorants, les impatients ou les jaloux

railler Pasteur; mais tâchez de le suivre d'aussi près que possible, et vous reconnaîtrez bien vite les services que rend, à la science contemporaine, cet illustre savant, ce puissant et lumineux phare du Présent et de l'Avenir, malgré l'étroitesse inconsciente ou systématique de ses idées philosophiques, corrigées par Renan, dans un magnifique discours à l'Académie française. (Éloge de Littré.)

Ils resteront sur le champ de bataille, ces aveugles et ces sourds qui, ne pouvant entendre ni voir les coups qu'ils croient se porter mutuellement, crient tous ensemble que l'ennemi est vaincu.

Les mots *âme, esprit* et *matière* ne divisent plus les savants de bon aloi.

Le *matérialisme* des mœurs de nos hypocrites ennemis est tout autre chose que notre *matérialisme scientifique*, avec lequel il n'a absolument rien de commun.

Le *matérialisme éthique*, ou des mœurs, celui des jouisseurs proprement dits du trône, de l'autel et de la finance, le *vrai matérialisme*, enfin, a pour but unique, dans la pratique de la vie terrestre, le *plaisir sensuel raffiné*.

Le *matérialisme scientifique*, le nôtre, est celui des naturalistes et des philosophes dont la jouissance suprême est la contemplation intelligente de la nature et les recherches des lois naturelles de la vie.

Ce n'est pas un *matérialiste*, celui qui, comme

Vésale, interroge la mort au profit de la vie ; celui
qui ne prend de la matière que ce qu'elle a de directement utile à la grande famille humaine, qu'il aime
et qu'il sert au lieu de la tromper, de la détester et
de l'asservir.

Le *matérialiste* est celui qui jouit, en égoïste profond, des produits de la nature, et demande tous les
jours, à la science, des jouissances nouvelles raffinées
ou le rétablissement d'une santé inutile émiettée en
orgies. Voilà le vrai matérialiste : on ne le trouve
pas dans nos laboratoires froids et humides ; mais
bien sous les lambris dorés des jouisseurs tiarés et
titrés, princes féroces des tueries humaines, des
ténèbres et des démons ; trop blasés et trop ignorants pour comprendre l'infinie noblesse de la *vile
matière*, et la splendeur éclatante des mondes de
phénomènes régénérateurs qu'elle engendre.

L'acide carbonique, l'eau, l'oxygène sont des
puissances invincibles et indestructibles, puisqu'elles
renaissent de leurs combinaisons désagrégées, ré-
duisent le granit en poussière, pulvérisent les plus
durs rochers et les entraînent, avec les débris organiques des plantes et des animaux, dans le courant
de la circulation de la vie universelle.

Le *Feldspath* s'effleurit et la plante trouve plus
tard, dans le champ qui l'engendre, le silicate de
potasse soluble qui la nourrit et la fait grandir.

L'*Apatite*, si riche en phosphate de chaux, et qui
contient, en outre, une quantité considérable de

fluor, l'*Apatite* se décompose et cède à l'orge, à notre sang et à nos os les premiers éléments de notre charpente osseuse, de nos tissus délicats et de *notre pensée humaine*, à la fois si destructive et si vivifiante.

Mais comme la destruction sert de base à la construction, le *mouvement* ne sera pas interrompu; il garantit la vie après l'avoir engendrée. (Voir notre *Étude sur le Mouvement*.)

La nature humaine, incomplète et maladive, crée quand elle ignore et se trompe au lieu d'apprendre.

Elle tourne et retourne dans un cercle vicieux qui la fausse et l'empêche de se reconnaître dans la voie ténébreuse de l'obscurantisme, accidentellement éclairée par les flots lumineux de la droite raison.

Rien ne se *crée*, puisque rien ne *naît*, rien ne *meurt*. La cellule qui crée meurt. Le créateur disparaît en engendrant la créature.

L'homme ramène à l'étroitesse de son jugement tout ce qu'il ne peut concevoir; et là, dans ses domaines obscurs et orgueilleux, il fausse, paralyse et atrophie ses facultés... Il croit, l'insensé, qu'il va commander aux éléments sans avoir appris à leur obéir.

La conception, quoique imparfaite, des mondes, est chose difficile. Beaucoup de problèmes de la cosmologie resteront éternellement suivis de leur point interrogatif.

Peu d'esprits jouissent d'une tension assez vigou-

reuse pour aborder ces horizons lointains et généraliser les parcelles de l'infini.

Un des esprits les plus droits, des cœurs les plus
généreux, *matérialiste scientifique*, notre sympathique et regretté ami, *Louis Bouilhet*, est celui de
nos poètes contemporains qui a le mieux saisi les
grandes lois de spontanéité des générations et des
mondes. Nous extrayons les quelques admirables
vers suivants de ses *Fossiles* :


. . . . . . . . . . . . . . . . . .
. . . . . . . . . . . . . . . . . .

« Le sable, cependant, fermente au bord de l'onde,
« La Nature palpite et va suer un monde,

. . . . . . . . . . . . . . . . . .
. . . . . . . . . . . . . . . . . .

« J'ai vu, j'ai vu, sous moi, comme une mer qui passe,
« La Vie aux mille bords, se rouler dans l'espace,
« Et, ruisselant encore des baisers maternels,
« Tous les Mondes sortir de ses flots éternels.
« Au choc des Océans, aux éclats du Tonnerre,
« L'Être tumultueux étreignait la Matière,
« Tandis que, partageant les Générations,
« Les Déluges tombaient sur les Créations.

. . . . . . . . . . . . . . . . . .
. . . . . . . . . . . . . . . . . .

« C'est alors, que, penché sur sa Débauche sale,
« L'Homme vomit son âme aux pavés de la salle,
« Et, dans les Passions se vautra sans pudeur,
« Comme débarrassé du fardeau de son cœur.

. . . . . . . . . . . . . . . . . .
. . . . . . . . . . . . . . . . . .
. . . . . . . . . . . . . . . . . .

Ce vigoureux tableau des mondes incommensurables ne laisse aucun philosophe de sang-froid. Les inconnus de la vie se dressent, menaçants, aux yeux de l'imprudent qui veut franchir, d'un bond subtil, cette ligne de démarcation fatale qui existe encore entre le *connu* et l'*inconnu* du domaine des hommes.

Quel est l'audacieux sectaire qui, retenant systématiquement en scolastique la Raison froide et captive, oserait dire aujourd'hui, à la face du progrès, que l'esprit humain n'est pas en route?

Quel est celui qui, niant Galilée, enseignerait, sans se voiler la face, que le *soleil en mouvement* peut être arrêté *dans sa course*?

N'est-il pas temps de terminer ces disputes de casuistes qui ont répandu tant de sang, fait tant de victimes et paralysé, durant tant de siècles, la sublime évolution du cerveau humain?

N'est-il pas temps de reconnaître que les faits, éclairés par l'évidence et soumis au creuset de l'expérimentation générale, sont des faits acquis à la science, des lois universelles concrètes substituées aux données abstraites qui échappaient au contrôle des sens?

N'est-il pas temps, enfin, que tous les hommes qui pensent et qui travaillent, quels qu'ils soient, proclament en commun le triomphe des idées scientifiques bien établies et le *respect de l'Inconnu*, de l'X universel?

Nous entendons, par *respect de* l'*inconnu*, l'*observance* rigoureuse des préceptes inviolables de la tolérance dans l'étude et la discussion des problèmes de la vie, et non ce respect orgueilleux et antiscientifique sous les auspices duquel on ne fait rien, on n'étudie rien, on n'apprend rien de nouveau.

On peut opposer des digues à la force physique, rien ne résiste à la pensée humaine, cette étincelle du cosmopolitisme.

Aujourd'hui, tout doit être étudié, tout peut être enseigné : La recherche exclut la révélation.

Il y a vingt ans, à peine, on nous fermait au nez les portes d'une ville de province où nous devions enseigner l'hygiène.

On comprend difficilement cela aujourd'hui ; mais en 1867, il a fallu toute l'autorité du conseil municipal de la ville en question, pour forcer le maire à autoriser ces leçons, qui se sont faites au théâtre... parce qu'elles auraient *profané* l'hôtel de ville.

Ajoutons que ce même officier ministériel assistait, avec sa famille, aux dernières conférences *immorales* qu'il avait primitivement interdites.

Certains fossiles, bien connus en philosophie, et, surtout, en théosophie, nous ont quelquefois reproché de remuer trop brusquement et trop profondément leur sable et le bourbier des couches sociales.

Trop profondément, non ; le cancer n'est jamais trop profondément extirpé.

Trop brusquement, jamais !… et pour une bonne raison, c'est que nous pensons que la première loi, en sociocratie bien ordonnée, est la tolérance, et que ce ne serait pas pratiquer cette *vertu civique*, que de ne pas tenir un compte rigoureux des incompatibilités au sein desquelles végète la société contemporaine. En brisant trop brusquement les liens qui nous rattachent au passé, nous nous exposerions à perdre, en un jour, ce que nos pères n'ont acquis qu'après plusieurs siècles de labeurs pénibles et sanglants.

Est-ce que la *compatissance* n'est pas surtout pratiquée par les physiologistes?

Aimer les autres pour soi, comme, sans s'en douter, la plupart des parents aiment leurs enfants, ce n'est pas de la compatissance ; ce n'est même pas de la compassion.

Il y a, dans le monde, tant de gens sensibles, ou qui font semblant. Il faut souvent beaucoup de perspicacité pour distinguer les personnes qui n'ont de sensibilité que pour elles, de celles qui ont de la sensibilité pour autrui. Les premières sont très communes, elles ont pour qualités dominantes : *les susceptibilités de l'égoïsme*. Les secondes, beaucoup plus rares, et souvent trompées momentanément par les premières, ont la *compassion* ou la *compatissance* suivant la sphère intellectuelle qu'elles habitent.

Les heureux connaissent peu la compassion et moins encore la compatissance : ils n'ont pas d'idée ou ils ont une idée fausse de la misère.

Les malheureux de naissance ignorent également les douces impressions qu'engendrent ces qualités altruistes ; ils se croient trop misérables pour être autorisés à plaindre les autres et pour supposer quelqu'un de plus misérable qu'eux, et sont, comme les heureux, profondément égoïstes en se croyant très généreux.

Tout peut donc être dit au public. Il suffit, pour cela, d'adapter à la science le langage scientifique, et surtout l'esprit scientifique pur et sans arrière-pensée que dénature et déshonore trop souvent la *malice*.

Nous avons traité cent fois, à la salle des Capucines, des sujets fort délicats, sans blesser la pudeur et la susceptibilité de nos intelligentes auditrices.

L'affiche de notre douzième séance de cette année annonçait : *L'esprit et le cœur de la Femme. — Son abnégation. — Ses fatales résignations dans le mariage.* — Secrets d'alcôve !

Aucun sujet n'est plus délicat à traiter devant un public mixte, et nous avons eu le bonheur de ne faire rougir aucun enfant ni aucune femme...

L'étude que nous offrons, aujourd'hui, aux délicats de la science la plus intime de notre existence, sera peut-être, par-ci par-là, un peu plus pimentée

que nos conférences; mais nous faisons un livre, les
parents peuvent le mettre sous clef après l'avoir lu,
s'ils le jugent à propos. Ce n'est pas comme dans
une conférence publique, où des enfants peuvent
être conduits, avec confiance, sous la garantie du
nom du professeur et de la réputation de la salle.

***

Personne, que nous sachions, n'a publié sur *l'olfaction*, ce que nous écrivons aujourd'hui.

Un grand nombre de physiologistes ont naturellement touché plus ou moins à ces questions; mais
aucun d'eux n'a condensé, dans un livre dédié aux
gens du monde, et écrit tout spécialement pour les
familles soucieuses de leur vie et de leur santé, ces
déductions pratiques sanctionnées par la science de
la vie de relation la plus rigoureusement intime.

A ce point de vue, notre ouvrage touche de plus
près à la psychologie qu'à la physiologie proprement
dite. C'est la physiologie des sentiments secrets et
des passions. *Le parfum*, ou plutôt *les parfums* de la
femme jouent un rôle si considérable dans l'intimité des époux, que nous avons cru être utile à nos
concitoyens en leur exposant simplement le résumé
de nos études et de nos observations relatives à

ce concours puissant des facultés olfactives dans l'amour.

On nous demandera peut-être pourquoi nous n'avons pas parlé du *parfum* de l'homme ?

Nous avons cru cette répétition inutile.

Tout ce qui se rapporte au parfum de la femme peut être dit a propos du parfum de l'homme, avec cette nuance pourtant : c'est que les odeurs qui émanent du corps de l'homme sont beaucoup plus accentuées que celles qui émanent de la femme.

Les particularités que nous avons signalées chez la femme se rencontrent également chez l'homme, lorsque ce dernier ne masque pas ses odeurs propres sous l'odeur du tabac, comme cela arrive souvent.

Un mot d'avis, à ce sujet, quand vous ferez la cour à une jeune fille ou à une femme quelconque en vue du mariage, continuez à fumer auprès d'elle ou à vous y rendre avec vos habits imprégnés de l'odeur du tabac, si vous ne voulez pas vous exposer, après le mariage, à devenir un être insupportable, sinon un objet de répulsion pour votre femme.

Cet avis est surtout important, lorsqu'il s'agit d'une personne qui n'a aucun fumeur, ni aucun priseur dans son intimité.

En prévenant votre fiancée de vos défauts, elle s'en accommodera ou vous priera de rester chez vous.

De votre côté, il vous sera possible de renoncer à votre pipe ou à votre tabatière pour elle.

Que vous vous fassiez, ou non, des concessions mutuelles; en agissant franchement, honnêtement, vous gagnez des indulgences plénières et prévenez de graves événements pour l'avenir.

Cela est d'autant plus important, que, chez les femmes ardentes et amoureuses de leurs maris, il en est beaucoup dont le sens de l'olfaction peut être considéré comme un des plus puissants facteurs de leur amour complet.

Il est inutile d'ajouter que l'hygiène de la peau est de rigueur chez le mâle comme chez la femelle. Comprenons bien que c'est le parfum pur et naturel qui enivre et dilate le cerveau ; mais que les parfums émanant des glandes sébacées des cheveux et des poils de l'homme, qui aurait horreur des bains généraux et locaux, pourraient bien dilater, au contraire, le sens de la répulsion chez la femme et provoquer inconsciemment, une concentration morale, momentanée ou permanente. Cette concentration pourrait engendrer la passivité, l'indifférence et la *résignation*, cette plaie chronique du mariage, ce ver rongeur de l'amour.

On peut juger, par ces quelques explications, à quoi s'expose un homme qui, ayant pris un bain le jour de son mariage, n'en prendrait plus d'autres après sa première nuit de noces.

Que d'indifférence, de dégoûts et de répulsions

en amour s'engendrent tous les jours par la négligence des lois de l'hygiène et des soins de propreté.

Afin de ne pas prêcher dans le désert, c'est-à-dire de parler un langage qui n'aurait peut-être pas été compris de tout le monde ; nous avons exposé brièvement, mais aussi clairement que possible, les éléments anatomiques destinés à nous guider dans cette étude.

Les mots scientifiques ont été traduits en mots usuels ; les étymologies de ces mots ont été données en temps et lieu. Nous avons, à ce sujet, composé un petit dictionnaire spécial, qu'on trouvera aux dernières pages du livre, avant la table des chapitres.

De plus, nous avons fait aussi l'histoire extrêmement curieuse des cas pathologiques, c'est-à dire des maladies du nez, tout en n'oubliant pas le côté utile et pratique, relevant de la médecine ou de l'hygiène, tant au point de vue des parents que des nourrices et des enfants sains ou malades.

Le côté psychologique, ce qui a trait aux attributs de l'*âme*, pour parler le langage de tout le monde, pourra peut-être rendre quelques services aux amoureux, époux ou non.

On y trouvera des aperçus et des horizons nouveaux qu'il est bon de ne pas ignorer, pour conserver le bonheur, quand on a été assez heureux pour l'arrêter au passage, dans ce tourbillon de la vie qui entraîne, dans la lie des peuples, avec les sentiments les plus tendres, les plus fondants et les plus honnêtes, les scories mortes ou vivantes des nations dites civilisées.

L'amour, comme tout ce qui tient au sentiment, beaucoup plus qu'au raisonnement, ne se commande, ne s'impose à personne : C'est un vagabond tendre et généreux qui engendre souvent de puissants événements, qu'il sait faire évoluer, au profit de ceux qu'il aime, grâce aux effets salutaires d'une abnégation sublime, due au plus profond, mais au plus saint égoïsme.

L'on n'est pas aimée exclusivement parce qu'on veut l'être, parce qu'on est belle, parce qu'on est riche, parce qu'on aime : on est aimée parce qu'on est aimée ; on aime parce qu'on aime... et voilà tout !

Quand on s'explique pourquoi l'on aime, est-on sûr d'aimer ou d'aimer longtemps ?

Deux êtres, qui ne se sont jamais vus, se rencontrent, se parlent, vivent cinq minutes dans leur atmosphère commune, se respirent inconsciemment, et, pourtant, ne s'oublient jamais.

Sont-ils libres ?... le bonheur est venu les trouver par l'effet du plus pur hasard. S'il y a dans la vie, un hasard quelconque, c'est bien en amour : mais ce hasard est comme l'*occasion*... on lui a arraché tant de cheveux qu'il n'en a bientôt plus à distribuer.

L'amour envolé ne revient guère. Il a l'air d'être vexé de ne pas avoir été reconnu ou mieux accueilli, et devient rétif ; plus on l'appelle, plus il se sauve ; on veut l'oublier, on ne peut le faire ; on veut le remplacer par un autre, dix autres, vingt autres, peine perdue, c'est toujours lui qu'on retrouve avec son indépendance et sa fierté ; on le chasse, il s'impose davantage ; tous ceux qui ont aimé d'un amour non partagé ou détruit par des forces étrangères, ont passé par ces angoisses-là.

L'amour aime l'esclavage et ne reconnaît pas de maître. Nous n'avons jamais compris ces *mariages de raison*, exclusivement basés sur l'estime mutuelle, mais sans amour, et, pourtant, avec rapprochement des époux.

Cet accouplement bestial, où l'esprit et le cœur sont étrangers, n'est que l'adultère moral du mariage ; c'est le commerce momentané de deux âmes qui s'évitent après la signature du contrat, se dégoûtent ou se font rire après l'accomplissement de ce qu'elles appellent *leurs devoirs conjugaux*. En un mot, c'est de la morale *légale*, mais ce n'est pas celle de l'esprit, du cœur et de la nature.

Le mariage de deux corps, même en chimie organique, implique l'amour et l'affinité de ces corps l'un pour l'autre.

Dans les *mariages de raison* il n'y a ni amour ni affinité ; les corps ne se sentent pas ; il n'y a qu'indifférence ou répulsion. L'intérêt seul doit subir l'empire de la Loi, et les époux doivent continuer à s'estimer, s'ils le peuvent, mais ne jamais profaner,

par de fausses ou hypocrites caresses, le sanctuaire
du *mariage*, refuge inviolable de l'honneur discret
et de la dignité personnelle.

Ceux qui cotent l'amour à la bourse sont indignes
de l'amour ; ce sont des associés, ce ne sont pas des
époux.

Voilà, en quelques mots, l'esprit qui nous a guidé
dans cette attrayante et passionnante dissection du
cœur et du cerveau humains.

Lorsque nous entrerons dans l'explication de
quelques détails intimes, nous demandons à nos lecteurs de bien vouloir nous honorer d'assez de confiance et d'estime, pour ne voir en nous que l'homme
scientifique doublé d'aucun autre personnage inno-
minable.

L'homme sain d'esprit et de corps comprend
l'amour tel qu'il doit être compris, et place au plus
haut degré d'estime, sans distinction de Mairies ou
d'Églises, les gens qui s'aiment dans toute l'acception du mot. Cet homme-là, qui est notre ami et qui
nous défendra au besoin, ne torturera pas son esprit
pour lire entre nos lignes ce que nous n'aurons pas
pensé, c'est-à-dire ce qui ne relève que du domaine

des polissons dégradés, qui déshonorent la nature
dans son œuvre la plus sublime, la plus sainte, la
plus respectable, la plus attrayante et la plus unanimement accueillie, glorifiée et chantée par les
Anges-Démons de la Création naturelle.

Augustin GALOPIN.

# LE PARFUM

# DE LA FEMME

---

## CHAPITRE PREMIER

### DÉFINITION DU SENS DE L'ODORAT
### ET DES ODEURS

> Le développement des sens est la base du
> développement de l'intelligence humaine.
> (*Moleschott.*)

Le sens de l'odorat est celui qui nous donne
la notion des odeurs.

. . . . . . . . . . . . . . . . .

Les odeurs sont des particules impalpables
des corps, des vapeurs ayant beaucoup d'analogie avec les gaz odorants.

Certaines substances odorantes perdent, en
effet, avec le temps, leur odeur, et, avec leur
odeur, les parties volatiles auxquelles cette
odeur est attachée.

Ce qui prouve encore que les odeurs sont des particules impalpables des corps, c'est la diminution dans le poids des matières odorantes exposées au contact de l'air ; cette diminution, quelque faible qu'elle soit, se constate tous les jours, dans nos laboratoires de physiologie, au moyen de pèse-odeurs extrêmement sensibles.

**La dilution des odeurs.** — Pour un nez sain, des quantités extrêmement faibles de matières odorantes suffisent pour réveiller, sur la membrane muqueuse des fosses nasales, la sensation de l'odeur. Des expériences quotidiennes démontrent cette assertion :

Du papier ou du linge qui a contenu du tabac, du musc, de l'assa fœtida, etc., s'imprègne des parties odorantes volatiles de ces substances, conserve pendant des mois et des années leur odeur caractéristique, et éveille la sensibilité de la muqueuse olfactive.

A-t-on songé aux milliards de molécules odorantes qu'un simple bouquet de violettes répand dans une salle que la personne qui le porte traverse sans même s'y arrêter ?... aux incommensurables molécules d'iris que sèment sur leur passage nos élégantes des boulevards ?... preuve irréfutable que la divisibilité de la matière odorante est infinie, et que le sens de l'olfaction, seul, peut en saisir les plus fines poussières dans l'air ambiant.

En diluant une substance odorante avec de l'eau, jusqu'à ce qu'elle soit devenue inappréciable pour l'odorat, on peut estimer ainsi à quelle dose elle cesse d'être odorante.

Une autre expérience non moins concluante consiste à introduire un volume donné de gaz odorant dans un volume donné d'air atmosphérique et essayer le mélange à l'odorat, jusqu'aux limites extrêmes de la sensibilité olfactive.

C'est le seul moyen, vraiment rationnel, de dresser une sorte de table des odeurs, de grouper en série les gaz, les liquides et les corps odorants, d'après leur degré d'énergie sur la membrane olfactive; ce mode de classification laisse loin derrière lui les pesages et les classifications nombreuses et nébuleuses proposés jusqu'à ce jour.

L'hydrogène sulfuré est encore sensible à l'odorat, dans un mélange d'air atmosphérique qui n'en contient que *deux millionièmes* de son volume, de sorte que deux litres de ce gaz suffisent pour corrompre dix mille hectolitres (10.000) d'air pur, ou mille mètres cubes.

L'organe de l'odorat est un réactif beaucoup plus sensible que ceux de la chimie. Cet organe, chez l'homme, peut atteindre un développement prodigieux, lorsque l'abus des produits de senteurs, du tabac ou de tout autre corps odorant n'est pas venu pervertir cet admirable et vigilante sentinelle avancée du cerveau.

Nous ne rapporterons pas ici toutes les expériences qui ont été faites sur la perception des odeurs. Toutes ces observations, en les supposant rigoureusement exactes, prouvent surtout une chose : la prodigieuse divisibilité des corps odorants et l'imperfection de nos moyens pondérateurs.

Nous ne voulons pas affecter de ne pas parler d'une autre théorie de *la transmission* des odeurs. Les partisans de cette théorie supposent que l'origine et la nature des odeurs résultent d'un mouvement vibratoire qui a lieu dans les molécules des corps odorants et se transmet à un éther ambiant : les partisans de cette théorie diminuent tous les jours.

Nous ne l'avons jamais admise et nous pensons qu'il peut être permis de refuser sa croyance aux historiens, partisans de l'hypothèse du mouvement vibratoire, qui racontent, en s'appuyant sur l'inaltérabilité de la matière odorante, que des vautours furent attirés d'Asie, dans le champ de Pharsale (166 lieues de distance, 664 kilomètres), par l'odeur des cadavres qui s'y trouvaient entassés après la bataille du même nom.

Mais à côté de ces récits fantastiques, on ne saurait révoquer en doute plusieurs récits de voyageurs dignes de foi.

Alexandre de Humboldt (*Recueil de zoologie et d'anatomie comparées*, 2ᵉ livre, p. 73, Paris, 1807) rapporte qu'au Pérou, à Quito et dans la province de Popayan, quand on veut prendre des condors, on tue une vache ou un cheval, et qu'en peu de temps l'odeur de l'animal mort attire ces oiseaux en grand nombre, bien qu'auparavant on n'en vît point dans le pays.

Valentia (*Voyage dans l'Indoustan*, traduction anglaise, tome Iᵉʳ, p. 349) assure qu'à neuf lieues de distance des côtes de Ceylan, le vent apporte déjà un parfum délicieux. L'auteur de la relation du premier voyage des Hollandais aux Indes orientales en dit autant de l'île de Pugniatan (*Rec. des voyages qui ont servi à l'établissement de la Comp. des Ind.*

*Orient.*, t. Ier, p. 280, et t. II, p. 256 et 451, Amsterdam, 1702), etc., etc...

**Expériences concluantes.** — Berthelot a fait des expériences, que nous avons répétées souvent, et qui militent en faveur de notre théorie. Si l'on place, à l'exemple de cet ingénieux expérimentateur, un morceau de camphre dans un tube barométrique rempli de mercure, on voit bientôt le métal descendre, le camphre diminuer de volume à mesure que se volatilisent ses molécules intégrantes, et être enfin remplacé par un gaz odorant.

Bénédict Prévost, de Genève (*Annales de Chimie*, t. XXI, p. 254, Paris, 1797), ayant déposé une substance odorante concrète sur une lame de verre mouillée, ou sur une large soucoupe recouverte d'une mince couche d'eau, a vu celle-ci s'écarter aussitôt, de manière à laisser autour du corps un espace libre de plusieurs pouces d'étendue.

Romieu (*Mém. de l'Acad. des Sc.*, p. 449, Paris, 1756) avait déjà observé les mouvements giratoires du camphre sur l'eau; Volta avait constaté des effets analogues en projetant, sur ce liquide, les petits corps imbibés d'éther, ou des parcelles d'acide benzoïque ou succinique; et Brugnatelli avait fait la même remarque en se servant de l'écorce de plantes aromatiques.

L'expérience réussit également avec des fragments de différentes feuilles, du *Schinus molle* par exemple; les jets d'huile volatile contenue dans ces fragments leur impriment aussitôt des mouvements dus à la résistance opposée au choc par l'eau.

C'est à l'aide de semblables observations, et aussi en supposant que l'agitation des corps odorants, à la surface de l'eau, croît en raison directe de leur volatilité et de l'intensité de leur odeur, que B. Prévost a fondé autrefois son *odoroscopie*. L'idée de Prévost, quoique fort ingénieuse, est accompagnée d'exagérations nombreuses; mais ce qui est incontestable, c'est que les précédents effets doivent être rapportés principalement, sinon uniquement, à la volatilisation, principe absolu de toute émanation odorante.

Boërhaave, pour expliquer l'odeur dans les végétaux, imagina un principe particulier impondérable, et, par conséquent, distinct de la substance même du corps odorant, principe qu'il nomma *esprit recteur*, et que d'autres désignèrent sous le nom d'*arome*. Cette hypothèse, toute gratuite qu'elle était, n'en fut pas moins adoptée par beaucoup de chimistes, jusqu'à l'époque où Fourcroy (*Ann. de Chimie*, t. XXVI, p. 232), en démontrant que c'est à la plus ou moins grande volatilité des matériaux immédiats des végétaux que sont dues leurs émanations odorantes, vint ramener les esprits à la théorie généralement admise par les physiologistes de notre époque.

Notre étude psycho-physiologique repose scientifiquement sur cette théorie de la plus ou moins grande volatilité des matériaux odorants immédiats des animaux. Les odeurs végétales sont des parcelles des corps odorants de ces végétaux ; les odeurs animales sont également des parcelles de sécrétions et des organes de sécrétion des corps des animaux.

On *sent une fleur* quand une partie matérielle de cette fleur vient impressionner nos sens spéciaux ; on *sent une personne* quand, par les mêmes voies physiologiques, l'annonce et le souvenir de cette personne arrive à notre cerveau.

De cette impression première, toute matérielle, s'engendrent et se déduisent les mille sensations, souvenirs, sympathies, antipathies, plaisirs ou douleurs dont nous ferons plus tard l'analyse impartiale et la dissection minutieuse en coudoyant les passions qui s'y rattachent.

# CHAPITRE II

## ORGANE DE L'OLFACTION

L'appareil de l'odorat se compose des *fosses nasales* et d'une membrane muqueuse, appelée pituitaire, dans laquelle se distribuent les nerfs de l'olfaction.

La cavité nasale s'étend depuis l'ouverture des narines jusqu'à l'arrière-bouche; une cloison la sépare en deux moitiés et en fait deux cavités distinctes, que l'on appelle *fosses nasales*.

**Membrane pituitaire.** — La membrane pituitaire, est, comme toutes les membranes muqueuses, la continuation de la peau, qui, après avoir recouvert le bord libre des narines, s'amincit, devient plus molle, plus spongieuse. Comme la peau et la muqueuse de la bouche, cette membrane est recouverte de fibrilles nerveuses. Les filets qui résultent de la réunion des fibrilles marchent parallèlement dans l'épaisseur de la pituitaire, forment huit à dix cordons qui se dirigent vers le crâne, dans lequel ils pénètrent par autant d'ouvertures isolées.

Cette partie de la boîte crânienne, à cause de ces perforations, a reçu le nom de *lame criblée*. Cette lame criblée présente de nombreuses différences, selon le plus ou moins de perfection de l'odorat. On peut dire, d'une manière générale, que ce sens est d'autant plus parfait que les ouvertures par lesquelles passent les filets nerveux sont plus multipliées.

Après avoir franchi ces ouvertures, les filets nerveux, en se réunissant, forment une espèce d'ampoule à laquelle on donne le nom de *bulbe olfactif*. Bientôt, ce bulbe olfactif dégénère en un gros cordon nerveux qui rampe avec le chiasma des nerfs optiques sous le globe antérieur du cerveau, avec lequel il se confond.

Ce voisinage avec les nerfs optiques, et cette fusion avec le cerveau déterminent souvent des accidents cérébraux et des causes de cécité dont nous aurons l'occasion de parler en traitant des causes de perversion du sens olfactif.

L'insertion du nerf olfactif avec le cerveau se fait au moyen de trois cordons ou racines. Deux de ces racines sont composées de matière blanche; la troisième, placée au centre des deux premières, est composée de matière grise.

Dans les mammifères et dans le fœtus humain, cette racine grise centrale est creuse : disposition qu'on ne rencontre ni dans l'homme ni dans le singe, son vieux parent.

C'est surtout dans la partie supérieure des fosses nasales que se trouvent les papilles olfactives. Dans les parties inférieures, les papilles servent peu ou point à l'odorat : les nerfs viennent d'une autre origine.

Nous savons que l'air traverse les fosses nasales pour arriver aux poumons, puisque la respiration normale se fait par le nez et non par la bouche.

Si cet air est pur, il est sans odeur; mais si vous supposez, dans cet air, quelques parcelles odorantes tenues en suspension, quelques parcelles de musc, de camphre, de rose, de violette, d'éther, etc., ces molécules odorantes

rencontreront, heurteront les milliers de papilles nerveuses qui tapissent les cavités du
nez; ces molécules odorantes produiront une
impression qui sera rapportée au cerveau et
reconnue pour être celle à laquelle on donne le
nom de camphre, de musc, de rose, d'é-
ther, etc...

**Vivacité de l'impression des odeurs.** —
Cette impression sera d'autant plus vive, les molécules odorantes seront d'autant mieux appréciées, que les papilles seront plus multipliées
et que la peau qui les recouvre sera plus mince;
aussi, pour multiplier la surface tactile, pour
donner plus d'étendue aux parvis de la cavité
nasale, sur lesquels se développe la membrane
pituitaire, nous trouvons une cloison qui par-
tage la cavité nasale en deux moitiés.

Indépendamment de cette cloison, nous re-
marquons les lames osseuses, minces comme
une feuille de papier, auxquelles on donne le
nom de cornets, à cause de leurs dispositions
et quelquefois de leurs formes.

Ces cornets, enroulés sur eux-mêmes, super-
posés, multipliés suivant les cas et les puissances olfactives des sujets, servent de soutien
à la membrane muqueuse.

**Sinus olfactifs.** — On trouve encore des causes d'augmentation de surface dans l'épaisseur des os du crâne et de la face, où l'on rencontre de grandes cavités auxquelles on donne le nom de *sinus*, et que l'on désigne sous les noms de *sinus maxillaire*, situé dans l'os de la mâchoire supérieure, *sinus sphénoïdal*, dans l'os sphénoïde du nez, *sinus frontal*, dans l'os frontal, etc., etc...

Ces sinus, également tapissés par la muqueuse du nez, communiquent avec la cavité nasale par de petites ouvertures; ils semblent plutôt destinés à emprisonner l'air, à l'échauffer, à en vaporiser les essences qu'à augmenter la surface olfactive. C'est au moyen de ces sinus, de cette espèce d'emmagasinement de l'air, que l'on explique comment l'impression produite par un corps odorant se prolonge longtemps encore après que nous avons abandonné le foyer d'émanation. Qui n'a pas senti l'odeur de la violette, de l'héliotrope, de la rose, etc., plusieurs heures après avoir franchi les régions de l'atmosphère où se trouvaient ces foyers odorants?

# CHAPITRE III

## INFLUENCES QUI MODIFIENT LA PRODUCTION DES ODEURS ET LEUR TRANSMISSION DANS L'ESPACE

D'après un des physiologistes les plus autorisés, le professeur Longet, si le *calorique*, dans quelques circonstances, enlève à certains corps leur odeur spéciale, le plus ordinairement l'action de ce fluide, en favorisant la volatilisation, aide à la diffusion des effluves odorantes dans l'air, comme on peut s'en convaincre dans une salle de bal au milieu de l'animation des danseurs, dans un théâtre, une caserne, ou dans une salle d'école en hiver.

Sous les tropiques, mille plantes laissent échapper leurs parfums aux premiers rayons du soleil ou au souffle des brises du soir, et l'on sait à quelles énormes distances se communique l'atmosphère embaumée de Ceylan, des Philippines ou des Moluques. Au contraire, on remarque que les odeurs végétales et animales sont d'autant plus faibles qu'elles émanent d'animaux et de plantes vivant dans des contrées plus froides.

**Tableau de l'intensité des odeurs absorbées par les substances diversement colorées.** — D'après Stark (d'Édimbourg), voici le tableau d'intensité d'absorption des odeurs que présentent les substances diversement colorées avec lesquelles elles sont mises en contact : après le *noir*, le *bleu* est la couleur qui absorbe le plus; viennent ensuite le *vert*, puis le *rouge*, le *jaune* et enfin le *blanc* qui n'absorbe presque rien, ou qui, s'il absorbe, laisse promptement évaporer les odeurs absorbées.

**Influence de l'électricité sur les corps odorants.** — Pourquoi l'électricité favorise-t-elle ou suspend-elle des émanations odorantes, sans que rien puisse indiquer la cause ni le secret de cette perturbation ? Libri (*Ann. de Chimie et de Phys.*, 1827, t. XXXVII, p. 100) dit avoir constaté que le camphre, traversé par un courant électrique continu, ou dynamique, devient de moins en moins odorant, puis cesse de l'être, et le redevient peu à peu par le repos.

On ne connaît pas encore les limites de la puissance de cet agent merveilleux, autant que mystérieux, qui opère, au gré de ses caprices, les décompositions et les recompositions les plus surprenantes dans les agrégats subtils de la circulation de la vie.

Comment l'électricité favorise-t-elle le dégagement des odeurs ; est-ce en isolant des combinaisons chimiques, qu'elle décompose, les principes définis capables d'impressionner l'organe olfactif ?

Le jour où messieurs les physiciens seront assez heureux pour résoudre ce problème, ils auront rendu à la physiologie générale le plus signalé service : nous attendons leurs révélations tardives.

**Influence du choc, du froissement et du frottement.** — Le choc, le froissement, le frottement font naître les odeurs dans les substances.

D'après Aldrovandi (*Museum metallicum in lib. quatuor distrib.*, Bologne, 1648), si l'on frappe avec un marteau certaines pierres de Mariembourg, il en sort une odeur de musc. Le frottement développe une odeur fétide dans divers marbres, une espèce de quartz, etc...; il rend odorant le soufre, les résines, le silex et beaucoup de métaux.

Le frottement d'un fer à cheval sur le pavé de la rue provoque, avec l'étincelle caractéristique du silex, une odeur d'*ozone* très prononcée.

L'action de la scie sur les os fait exhaler une odeur spermatique. On sent le parfum de la rose quand on travaille sur du bois de hêtre.

Certaines feuilles de végétaux, du *Myrtus communis*, du Géranium, etc..., deviennent plus odorantes par le froissement; tandis qu'au contraire il suffit de froisser entre les doigts une fleur de violette ou de réséda pour lui enlever son odeur.

**Nombre et classification des odeurs.** — Le nombre des odeurs est incalculable; nous ne les percevons pas toutes à cause de l'imperfection relative de notre sens olfactif.

On a essayé de classer celles que nous percevons et qui sont déjà nombreuses. Pour cela, on a tâché de les réunir par groupes formés d'après certains caractères communs proprès à les différencier ; toutes les tentatives qu'on a faites à cet égard ont été également infructueuses : les bases d'une pareille classification échappent à nos moyens actuels d'investigation.

Linné (*Amœnitates academicœ*, 1756, t. III, p. 183) rapporte les odeurs à *sept* sections principales :

1° Les odeurs *aromatiques* (odores aromatici), comme celles des fleurs d'œillet, des fleurs de laurier, etc.;

2° Les odeurs *fragrantes* (odores fragrantes) le lis, le safran, le jasmin, etc.;

3° Les odeurs *ambrosiaques* (odores ambrosiaci), celles de l'ambre, du musc, etc..., communes dans le Parfum des femmes;

4° Les odeurs *alliacées* (odores alliacei), agréables pour les uns, désagréables pour les autres, et plus ou moins semblables à celles que l'ail exhale : l'assa fœtida et plusieurs autres sucs gommo-résineux;

5° Les odeurs *fétides* (odores hircini), comme celle du bouc, du grand satyrion (orchis hircina), de la valériane, etc.;

6° Les odeurs *repoussantes* (odores tetri), vireuses, comme celles de l'œillet d'Inde et de beaucoup de plantes de la famille des solanées ;

7° Les odeurs *nauséeuses* (odores nausei), comme celles de la courge, du concombre, et en général, des cucurbitacés.

Haller, nous dit encore l'illustre savant et consciencieux professeur Longet, Haller, tenant compte *surtout du genre de sensations* que les odeurs produisent, divise celles-ci en agréables, en désagréables et en mixtes ou indifférentes.

Ainsi que nous le démontrons plus loin, cette classification est purement fantaisiste ; car l'odeur qui plaît à l'un peut déplaire beaucoup à l'autre.

Lorry (*Hist. et Mém. de la Société roy. de Méd.*, in-4, p. 306, 1785), admettant qu'un certain nombre d'odeurs, qu'il nomme radicales, sont comme la base d'un grand nombre d'autres, en établit cinq classes, dans chacune desquelles devrait toujours se reconnaître, suivant lui, l'odeur primitive et simple, ou du moins le principe odoriférant qui lui fournit sa dénomination.

Ces cinq classes comprennent les odeurs *camphrées, narcotiques, éthérées, volatiles* et *alcalines*... Que d'odeurs qui ne sauraient être rattachées à aucune de ces classes!

La classification de Fourcroy n'est pas plus rationnelle. Elle ne s'applique guère qu'aux végétaux, et laisse de côté les odeurs minérales et animales si nombreuses et si variées.

Nous pourrions citer vingt autres classifications qui n'ont pas plus d'autorité que les précédentes.

# CHAPITRE IV

## PERCEPTION DES ODEURS PAR LES ANIMAUX

Nous avons vu que l'air est le véhicule ordinaire des odeurs, qu'il est chargé de les transporter au loin, de les faire arriver jusqu'à l'organe destiné à les sentir. Voilà pourquoi, lorsque le vent souffle de Saint-Ouen sur Paris, les habitants du quartier Montholon sont empoisonnés d'une manière si désagréable.

L'étendue de la membrane vasculaire et nerveuse de l'olfaction, de la pituitaire, est une des circonstances qui paraissent le plus influencer sur l'activité du sens de l'odorat.

L'homme n'est pas favorisé de la nature sous ce rapport. Les ruminants, les pachydermes, et, surtout, les mammifères carnivores sont doués d'une puissance olfactive bien supérieure à la nôtre.

Le volume du nez n'en commande pas la qualité; c'est, comme pour le cerveau, dans les agrégats anatomiques de l'organe qu'il faut en chercher les qualités plus ou moins sensibles, plus ou moins exquises.

**Les carnivores.** — Le blaireau et le chien sont privilégiés sous le rapport des qualités propres du nez. Celui du blaireau mesure une surface olfactive relativement considérable à cause des nombreux cornets recouverts de membrane pituitaire qui le composent.

*Le blaireau.* — Cet animal a l'odorat si subtil qu'il se laisse mourir de faim, dans son terrier, plutôt que d'en sortir, lorsque les chasseurs ont tendu quelque engin de destruction à l'entrée de sa demeure.

Ordinairement, les hommes, qui tendent ces collets ou ces pièges, ont soin de les passer au feu pour les purifier de toutes traces humaines. S'il reste une molécule odorante de l'ennemi sur les pièges, l'animal ne sort pas avant l'évaporation complète de cette molécule, d'une infinie ténuité; quand on *enfume* les terriers, les blaireaux, qui sentent l'ennemi tout près, y meurent asphyxiés plutôt que d'en sortir.

*Le chien.* — Dans le chien, comme dans le blaireau, les fosses nasales et les sinus frontaux prennent un accroissement considérable, et un des cornets, faisant saillie dans la narine, présente des subdivisions dichotomes (de deux en deux branches) fort nombreuses.

Ces dispositions tendent toutes à donner à la membrane, siège du sens, une surface plus étendue.

Un beau et bon nez de chien est gros, long et rond comme un cylindre bien régulier, les narines sont ouvertes, humides, roses et froides ; la racine du nez est fortement accentuée sous un front proéminent et élevé offrant une grosse olive bien dessinée sur la ligne médiane, entre les deux lobes cérébraux. Il ne faut jamais donner de coups violents sur le nez d'un chien qu'on destine à la chasse.

Nous avons connu des sujets très remarquables, surtout lorsque l'intelligence se rencontrait, chez eux, avec la perfection olfactive.

Tout le monde sait que le chien retrouve son maître à des distances prodigieuses, en suivant la voie qu'il a parcourue quelques heures auparavant.

Un lièvre, une perdrix, une caille, ou tout
autre pièce de gibier, sont *levés* par le chien
courant dans n'importe quel champ de blé ou
de foin.

Un lièvre, malgré ses ruses, ses détours, ses
sauts et ses courses vertigineuses est poursuivi,
durant des heures entières, par des chiens qu'il
trompe souvent; mais qu'il ne peut parvenir à
perdre ou à tromper complètement.

Nous avons connu un chien de chasse qui
rapportait le mouchoir de son maître, qu'on
lui envoyait chercher à un kilomètre de distance. Ce mouchoir était au milieu de six autres mouchoirs, appartenant à diverses personnes, et les sept objets étaient légèrement
recouverts de terre.

Le fidèle rapporteur découvrait la cachette,
secouait le paquet et ne rapportait que l'objet
qui appartenait à son maître.

Voici un autre fait, plus curieux encore,
dont nous avons été témoin. C'était en Suisse,
dans les montagnes, à la maison d'école d'un
petit village perdu dans le Val de Travers, situé à quelques lieues de Neuchâtel.

**L'histoire de Earil.** — En 1873, un incendie éclata dans une habitation voisine de

l'école communale. Bientôt, tous les Suisses du plateau accoururent en foule et se rendirent maîtres des flammes.

*Baril* était le nom de notre héros, fils du célèbre Baril, à qui tant de voyageurs égarés dans les neiges durent la vie, et qui fut immortalisé par la ville de Berne, où l'on voit encore aujourd'hui sa statue en grandeur naturelle.

Le jeune Baril avait hérité de l'intelligence, de la taille et de la force prodigieuses de son père.

Les habitants, avant de travailler au feu, avaient déposé leurs manteaux dans le préau de la maison d'école.

Le propriétaire du chien y avait déposé son paletot comme les autres, et en avait confié la garde à Baril, qui resta couché dans le préau.

L'incendie éteint, chaque travailleur reprit son habit. Le chien était toujours là et, pourtant, un vêtement manquait : celui de son maître.

Un simple geste accompagné de ces paroles : « mon paletot? » suffit au chien qui partit comme un trait à la poursuite du délinquant, qu'il atteignit et qu'il arrêta dans une auberge de la montagne.

A la vue de ce gendarme de nouveau genre,

le voleur pâlit et voulut s'esquiver; mais un grognement du cerbère l'avertit du danger qu'il courait à faire résistance à *la loi*. La lutte était inégale. Baril revint conduisant, devant lui, le pauvre diable plus mort que vif et qui ne savait comment s'excuser de son *erreur*, de sa *méprise*.

Le paletot fut rendu à son propriétaire, et le *gendarme montagnard* se recoucha avec ce calme et cette *bonhomie* qui ne l'abandonnaient jamais. Notre ami, l'ancien pasteur de Saint-Marc, est encore là pour assurer l'authenticité de ce récit.

**Les herbivores.** — Chez les herbivores, les cornets laissent entre eux de grands vides, de grands courants par lesquels l'air peut traverser les fosses nasales, sans heurter les fibrilles nerveuses. Ces animaux ont le sens de l'olfaction beaucoup moins développé que les carnivores, chez lesquels les lames sont tellement rapprochées les unes des autres, que l'intérieur des fosses nasales ressemble plutôt au tissu d'une éponge qu'à une cavité. La colonne d'air qui doit les traverser est tellement *tamisée* au passage que, ne contiendrait-elle qu'une molécule odorante, il y a de grandes chances pour qu'elle rencontre une papille nerveuse.

La chèvre refuse, après les avoir flairés, des aliments humectés par notre salive. Le cerf, dans la saison du rut, est attiré vers sa femelle de distances souvent énormes, sans qu'on puisse expliquer ce fait autrement que par l'appréciation du parfum de sa femelle provenant d'émanations animales en diffusion dans l'atmosphère. Les chasseurs savent que pour surprendre les sangliers, il faut se placer au-dessous du vent, afin de dérober, à leur odorat, des émanations qui les frappent de loin et assez vivement pour leur faire aussitôt rebrousser chemin.

Buffon n'hésite pas, Buffon n'hésite jamais, (*Discours sur les animaux;* t. XXI, p. 293, édit. de Sormini) à avancer que les mammifères quadrupèdes l'emportent de beaucoup sur l'homme par la finesse de l'odorat.

« Ils ont ce sens si parfait, dit-il, qu'ils sentent plus loin qu'ils ne voient; non seulement ils sentent de très loin les corps présents et actuels, mais ils en sentent les émanations et les traces longtemps après qu'ils sont absents et passés. Un tel sens est un organe universel du sentiment ; c'est un œil qui voit les objets non seulement où ils sont, mais partout où ils ont été... C'est le sens par lequel l'animal est le plus tôt, le plus souvent et le plus sûrement averti ; par lequel il agit, il se détermine; par lequel il reconnaît ce qui est contraire à sa nature. »

L'instinct des animaux que personne ne dirige est, en effet, admirable sur ce dernier point : la vache, le mouton ou la chèvre ne broutent point, dans la prairie, les sommités des herbes vénéneuses, et beaucoup de voyageurs racontent que, jetés dans des contrées inconnues, ils se sont bien trouvés *de l'usage exclusif* des fruits ou des plantes dont les singes faisaient leur nourriture.

Jacobson a découvert, dans les fosses nasales des mammifères, un organe singulier (qu'on appelle organe de Jacobson), à l'aide duquel, suivant cet anatomiste, l'animal exerçait ce sens si délicat qui lui révèle, dans les subtiles émanations du corps, des qualités utiles ou nuisibles.

Nous pensons, avec Gratiolet, que cet organe procure seulement des sensations qui rentrent dans la classe des sensations olfactives d'un simple cornet nasal.

**Les oiseaux.** — Dans les oiseaux, les

fosses nasales présentent peu d'étendue et n'offrent que peu ou point de cornets. Les papilles nerveuses sont nécessairement peu nombreuses; aussi nous devons croire, et l'expérience journalière nous le prouve, que chez eux l'odorat est peu développé. La vue, chez ces animaux, étant la sensation dominante, produit beaucoup des effets qu'on rapporte trop complaisamment à l'odorat. Pour les corbeaux, il est plus sage d'admettre que c'est la vue seule et une défiance naturelle, mais non pas l'odeur de la poudre, qui leur font fuir le chasseur.

Bartram affirme que les rois des vautours (*Sarcoramphus papa*) viennent de très loin en troupes nombreuses lorsque les plaines ont été brûlées, ou par le feu du ciel, ou par les Indiens qui veulent faire lever le gibier; ces oiseaux arrivent de tous côtés et descendent sur la terre, encore couverte de cendres chaudes, pour y ramasser les serpents et les lézards grillés. Il en est de même des condors.

Les oiseaux n'ont pas de sinus crâniens et faciaux comme les mammifères; ces cavités sont remplacées, chez eux, par une poche sous-orbitaire qui fait saillie sous la peau, quand l'air la distend, et qui communique avec leurs fosses nasales.

*Classification des oiseaux d'après leurs qualités olfactives.* — Voici l'ordre de mérite dans lequel Scarpa classe les oiseaux relativement à leur qualité olfactive :

1° Les *échassiers ;*
2° Les *palmipèdes ;*
3° Les *rapaces* ou oiseaux de proie ;
4° Les *passereaux ;*
5° Les *gallinacés.*

**Les reptiles.** — Chez les reptiles, à l'exception des crocodiles, les fosses nasales s'ouvrent en arrière, dans la bouche, à travers la voûte palatine, et ne se prolongent pas autant que chez les vertébrés de la classe précédente ; les cornets sont très simples ou manquent complètement.

Les lobes olfactifs offrent un volume considérable, ce qui fait supposer à Longet et à Scarpa que ces animaux ont, en général, le sens de l'odorat fort actif.

Les ophidiens (serpents) craignent l'odeur de la rue (Ruta graveolens) et certains crotales redoutent singulièrement celle de l'*Aristolochia anguicida.* Le serpent à sonnettes est tué par l'odeur de cette plante. Cloquet dit que le terrible reptile n'approche pas de la personne qui a touché à cette plante. Si, après avoir manié des grenouilles ou des crapauds femelles, on plonge les mains dans l'eau, les mâles s'empressent d'accourir de loin et de les embrasser étroitement. Nous avons souvent répété cette expérience, qui vient à l'appui de notre thèse, et prouve une fois de plus le rôle actif de l'olfaction dans l'amour, puisqu'il ne s'agit ici que de la matière odorante femelle dont les mains sont imprégnées; les yeux n'y sont pour rien.

**Les cétacés et les poissons.** — L'odorat des poissons, en général, est fort obscur; celui des cétacés est fortement contesté.

Les uns supposent que les cétacés odorent; de Blainville, Jacobson, Treviranus, Cloquet et Cuvier disent oui; Rudolphi, Tiedemann et Carus disent non.

Pour prouver qu'ils odorent on a coutume de citer l'expérience du vice-amiral le Peley (Buffon, *Histoire des cétacés*), qui affirme qu'à la côte de Terre-Neuve il est parvenu plusieurs fois à mettre en fuite les baleines qui inquiétaient ses pêcheurs en faisant jeter à la mer des matières putrides.

En admettant ce fait rapporté par Buffon, dont la brillante imagination n'est pas toujours d'accord avec la froide raison scientifique, il n'y aurait là aucune preuve concluante ; car il faudrait connaître la nature de la matière projetée en mer, et s'assurer que c'est bien par le sens de l'olfaction, et non par celui du goût, non moins problématique, que l'amiral Peley chassait les monstres marins : l'opinion de Duméril nous le ferait supposer.

Les poissons ont-ils la faculté de percevoir les odeurs malgré le milieu dans lequel ils vivent ?

De tout temps, les pêcheurs ont observé qu'on les attire ou les fait fuir avec certaines substances odorantes. Ici encore, s'adresse-t-on à l'olfaction ou au goût ?

On a cependant lieu de croire que c'est par l'odorat que le requin et autres squales sont attirés, souvent en foule, autour d'un cadavre jeté à la mer : la myopie étant générale et naturelle chez les poissons.

Divers voyageurs racontent que, lorsque des blancs et des noirs se baignent ensemble dans des lieux fréquentés par les requins, les noirs, dont les émanations sont plus actives que celles des blancs, sont plus spécialement poursuivis par ces animaux, qui ordinairement les choisissent pour leur première proie.

**Les insectes et les mollusques.** — Quant aux insectes et aux mollusques, on ne peut nier que ces animaux ne soient attirés par l'odeur, quoiqu'on ne leur connaisse point d'organes olfactifs proprement dits. Chez les hannetons, les odeurs sont perçues à l'aide de poches microscopiques ; mais au lieu d'être réduites à deux, ces poches s'élèvent au nombre de plusieurs millions.

Nous aurions trop de merveilles à raconter si nous entrions dans les secrets de la vie intime des *chétifs insectes*, de ces admirables petits êtres qui remplissent l'univers, pour lesquels une parcelle de rameau est une arche nouvelle.

Moquin-Tandon a dit : « Supprimez ces innombrables bestiolettes, et la terre n'existera plus. » C'est, qu'en effet, ils composent des mondes, ces microscopiques animalcules.

La fière *Albion* doit son nom aux foraminères qui ont constitué l'immense rempart blanc des chaînes de montagnes qui encadrent si artistement l'Angleterre.

La petitesse de ces *incommensurables* vivants est telle que Schleiden prétend qu'une seule de ces cartes de visite, que l'on recouvre d'une blanche couche de craie, représente un

cabinet zoologique de plus de *cent mille* co-
quillages d'animaux.

Et, pourtant, que leur faut-il, en apparence,
à toutes ces *bestiolettes*, pour vivre autour de
nous ?... La moindre feuille suffit aux ébats de
leurs générations nouvelles ; une fleur devient
le trône parfumé de leurs chastes amours, et
les mystérieux mouvements de leurs alcôves
sont recouverts du dais velouté de leur hymé-
née, taillé dans l'épaisseur de la plus fraîche
corolle.

Peut-on modifier, à volonté, l'intensité du
sens olfactif?

Le professeur Longet répond à cette question. « Il est des circonstances, dit-il, dans
lesquelles nous avons intérêt à amoindrir nos
sensations olfactives. Dans ce cas, si nous nous
observons attentivement au moment où une
odeur désagréable vient de nous impressionner, nous constatons qu'une forte expiration
s'effectue d'abord, dans le but d'expulser l'air
odorant, puis que l'inspiration, au lieu de se
faire par les narines, a lieu instinctivement par
la bouche : le voile du palais s'élève pour devenir horizontal, tend à fermer, en arrière, les
orifices des narines, empêche la circulation de
l'air dans leur intérieur, et, par conséquent,

prévient ainsi le retour de nouvelles impressions pénibles sur la membrane olfactive. C'est en me basant sur ces observations et sur une analogie, dans le mode de répartition nerveuse, que j'ai été amené autrefois à faire un rapprochement physiologique entre *l'iris et le voile du palais*, c'est-à-dire à voir, dans ce dernier, un moyen propre à nous défendre contre l'action d'odeurs désagréables, ainsi que l'iris, en resserrant son ouverture, nous protège contre une lumière trop intense. »

Ce serait, d'après Longet, une sensation réflexe involontaire ou *inconsciente*.

Les parties odorantes chassées avec l'air expiré peuvent agir sur la muqueuse olfactive; mais la persistance de l'impression peut finir par rendre celle-ci inappréciable.

Les phthisiques, les malades qui ont des cancers d'estomac, ceux qui sont affectés d'ozène ne sentent pas les odeurs expirées; ils en ont quelquefois une faible idée au début de la maladie; mais la saturation et la sursaturation des pituitaires, par ces parcelles odorantes, dissimulent ces odeurs internes.

# CHAPITRE V

## PERTE DE L'ODORAT

**L'anosmie, anosphrésie**; *anosmia*, anosphresia; de αν, privatif et οσμη, odeur, ou οσφρυσις, odorat : diminution ou perte complète de l'odorat.

Avec la perte du nez, qui est une maladie fort rare, les maladies qui peuvent amener la porte de l'odorat sont assez nombreuses; mais ici nous ne parlerons que des plus communes. Plus loin, au chapitre MALADIES ORGANIQUES DU NEZ, nous complèterons cette étude. Mentionnons seulement ici *l'abus du tabac*, le *coryza aigu ou chronique*, et la *paralysie des nerfs olfactifs* consécutive à l'abus du tabac à priser.

3

**L'abus du tabac**, ou même son usage prolongé, émousse et détruit le sens de l'olfaction, la vue, l'ouïe et *beaucoup d'autres choses* encore.

L'usage de la poudre à Nicot a encore un autre inconvénient non moins grave, c'est d'amener, consécutivement aux nombreuses congestions et décongestions des méninges des régions olfactives, le ramollissement et la paralysie des nerfs optiques et acoustiques, et du cerveau.

On voit assez souvent de vieux priseurs atteints de cécité plus ou moins rapide ; on en voit très souvent affectés de surdité et de perte de mémoire.

**Les daltoniens de l'olfaction.** — Je sais bien que les priseurs opposeront au verdict scientifique, qui les blâme et les gêne, cette phrase bien connue : « Nous connaissons de vieux priseurs qui sont encore très intelligents, et qui jouissent amplement de tous leurs sens ». C'est douteux ; mais qui dit qu'ils ne seraient pas encore plus intelligents, plus sains et plus *vigoureux* s'ils n'avaient pas prisé... ces vieux priseurs ?

Ce qu'on ne peut contester, c'est la perte plus

ou moins complète de l'olfaction chez ces malades qui, s'ils sont gourmands, se privent du
bouquet de leurs mets et de leurs vins; s'ils
sont jeunes et vigoureux, se privent du parfum
d'une épouse ou d'une maîtresse aimée, ainsi
que des mille jouissances que procure le sens
de l'olfaction d'un homme propre et sain...
excusez-moi de l'expression; mais je ne peux
pas considérer comme *propre*, dans toute l'acception du mot, celui qui se salit le nez avec du
tabac et qui infecte sa moustache, ses habits,
son pouce, son index, ses poches et son mouchoir de poche de l'odeur repoussante de ce
poison si redoutable et si peu redouté.

Demandez à un priseur où il rencontre *le
parfum de la femme*; il vous répondra que
c'est dans sa tabatière.

Mille nuances délicates olfactives lui sont
absolument inconnues; comme sont inconnues,
au daltonique, les fontes du rouge, du vert, du
violet et du bleu. Les priseurs et les fumeurs
(surtout ceux qui rendent la fumée par le nez)
sont des profanes qui ne comprendront jamais
toutes les jouissances qu'ils perdent par la pratique irréfléchie ou maladive du tabac sous
n'importe quelle forme : ces narcotisés, trop
*aromatisés*, sont les *daltoniens de l'olfaction*.

Nous permettons le tabac aux hommes, comme nous permettons les parfumeries fortes aux femmes... pour dissimuler les odeurs naturelles désagréables chez celles ou ceux qui en sont affectés.

Nous ne parlerons pas des accidents nerveux engendrés par l'usage du tabac; ces cas morbides sont trop nombreux et l'on ne voudrait pas nous croire.

Voyez-vous un hygiéniste se permettant de dire à un chef de famille qu'il est de mauvais goût de fumer dans ses appartements, et surtout dans sa chambre à coucher, sanctuaire légitime, qui devrait toujours être préservé de toute odeur étrangère aux parfums naturels émanant des époux...

Que penserait-on, dans un monde qui ne veut penser qu'à ses plaisirs nombreux et à ses jouissances quotidiennes, si un médecin se permettait de critiquer la conduite d'un père de famille qui fume dans son lit et auprès du berceau de son enfant, qui narcotise ce pauvre petit être à son début dans la vie, qui l'expose à toutes sortes d'accidents choréiques et épileptiformes, à la *danse de Saint-Guy*, aux méningites plus ou moins violentes, etc., etc.; qui force sa jeune épouse à vivre enfermée, durant

de longs jours d'hiver, dans une chambre où
l'air est constamment corrompu par des émanations énervantes ; à passer des années dans
une atmosphère empoisonnée avec une cons-
tance à nulle autre pareille ?

**La danse de Saint-Guy et la perversion du
sens moral chez les enfants.** — L'odeur du
tabac pervertit et exalte les sens chez les petits
garçons et chez les petites filles ; il provoque
souvent aussi des désordres moraux et physiques : masturbation, maux de tête, mouvements choréiques, irascibilité du caractère ou
tendresse maladive, etc., etc.

La *danse de Saint-Guy*, ou tremblement
nerveux, les convulsions et les attaques d'épilepsie, ne sont pas extrêmement rares parmi
les enfants qui fument trop jeunes ou vivent
constamment dans une atmosphère imprégnée
de fumée de tabac.

M. Mouzon, directeur de l'École industrielle
de Bruges depuis trente années, nous fit voir,
en 1873, six pauvres malades atteints de ces
infirmités depuis vingt ans, et qui en furent
frappés à l'âge de neuf, dix, douze ans.

On fume beaucoup, et de bonne heure, en
Belgique, où le tabac ne coûte presque rien.

M. Mouzon nous disait que la maladie s'annonçait toujours, chez les enfants, par des troubles nerveux plus ou moins intenses et fréquents : affaiblissement de la vue, perte de l'équilibre ; propension à aller à reculons, le matin, en descendant du lit, et, le jour, si on leur fait fermer les yeux, ou si on les appelle après les avoir placés dans l'obscurité complète. Dans les hôpitaux, nous constatons les mêmes effets sur des malades congestionnés du cervelet par l'abus des liqueurs fortes, ou anémiques de cette région par suite des abus du tabac ou des plaisirs vénériens.

Que répondrait ce père de famille, cet époux modèle, si on lui reprochait d'être inconsciemment cause de la mort d'un enfant chéri et du changement complet survenu dans le caractère de sa compagne qu'il a épousée fraîche et bien portante, douce, gaie, rieuse et qu'il retrouve, après cinq ou dix ans de ménage, vieillie à l'excès, fatiguée, triste, nerveuse, hypocondriaque et, quelquefois, querelleuse et d'une susceptibilité morbide inquiétante ?

Eh bien ! il pourrait répondre : Tout cela, tous ces désastres plus ou moins réparables avec de la volonté, c'est moi qui les ai quotidiennement engendrés, depuis de longues années, en forçant de pauvres êtres qui me chérissaient à vivre constamment dans une atmosphère que je prenais le soin d'empoisonner tous les jours, avec mon cigare, ma cigarette ou ma pipe avant d'aller au grand air vaguer à mes affaires.

Mais ne disons rien, dans la crainte de nous faire maudire.

. . . . . . . . . . . . . . . . . . . . . . .

. . . . . . . . . . . . . . . . . . . . . . .

L'usage du tabac à priser peut déterminer le coryza aigu ou chronique (ou rhume de cerveau). Cette maladie, caractérisée par l'inflammation de la muqueuse, ou pituitaire, boursoufle, dessèche cette membrane et provoque la paralysie *momentanée* dans le coryza aigu, *permanente* quand l'affection tourne à la chronicité.

Dans le cas aigu, il faut se tenir les pieds et les jambes bien chaudement; ne pas s'exposer à l'air froid, humide; ne respirer l'air du dehors, Mesdames, qu'à travers une voilette offrant deux ou trois replis au niveau des voies aériennes; tâcher d'inspirer de temps en temps des sels ammoniacaux, et se couvrir la tête pour dormir.

Dans le cas chronique, surtout si le mal a été

engendré par l'usage du tabac à priser, la guérison est plus difficile à obtenir... quand on l'obtient.

Aux remèdes précédents, il faut immédiatement en adjoindre un autre par la négation : *la suppression du tabac!...*

Voilà le grand événement ! Les malades refusent quelquefois de se soumettre au traitement qu'on leur impose : il faut, alors, les abandonner à leur sort.

Nous avons traité dix malades de ce genre ; six ont renoncé au traitement pour toutes sortes de causes, surtout pour satisfaire à cette maxime bête et désastreuse déjà citée : *courte et bonne;* les quatre autres ont triomphé de leurs mauvaises qualités et sont parvenus à oublier de priser, après vingt, trente, quarante et quarante-cinq ans d'usage continu de la prise.

L'inflammation de la pituitaire n'a disparu que chez celui qui prisait depuis trente ans. Les autres ont conservé le coryza chronique considérablement modifié de jour en jour. Tous ont constaté un retour de *vigueur générale,* avec une grande amélioration dans les sens de la vue et de l'ouïe, qu'ils avaient considérablement affaiblis.

Mais le remède, me direz-vous, quel est-il ?

Il est simple ou compliqué ; facile d'application ou impraticable.

Sur dix cas, quatre succès seulement. Le succès dépend de la volonté du malade et de sa persévérance.

Les quatre hommes qui ont guéri étaient les quatre plus intelligents du groupe ; ils avaient constaté, eux-mêmes, les dégâts nerveux, intellectuels et physiques engendrés par leur fâcheuse habitude ; ils craignaient surtout de perdre la vue et de devenir sourds, et n'ont pas hésité un seul instant à suivre nos conseils.

Un seul de ces quatre repentants tardifs n'a pas été radicalement guéri au bout du traitement ; je lui permis sa tabatière dix jours de plus qu'aux autres. Il croyait qu'il ne guérirait pas et il pleurait quand il rencontrait ses trois amis, qui ne portaient plus de tabatière et qui ne pensaient plus à priser.

**Reméde efficace contre l'abus du tabac** — Voici donc ce fameux traitement, si simple en apparence et si difficile à suivre pour quelques-uns.

Nous avons opéré avec des tabatières contenant 20 grammes de tabac ; c'était la ration de nos malades :

Le 1ᵉʳ jour : 19 grammes de tabac et un gramme de café très fin.

Le 2ᵉ jour : 18 grammes de tabac et deux grammes de café très fin.

Le 3ᵉ jour : 17 grammes de tabac et trois grammes de café très fin.

Le 4ᵉ, 5ᵉ, 6ᵉ jour, etc., jusqu'au vingtième jour, soustraction d'un gramme de tabac de plus que la veille et addition d'un gramme de café fin bien tamisé.

Au 20ᵉ jour, les tabatières ne contenaient que du café pur.

Je laissai mes malades au café pur durant 20 nouveaux jours ; 20 grammes de café par jour.

Au bout de 40 jours, je substituai le sucre en poudre au café, dans les mêmes proportions et dans les mêmes unités de temps que j'avais substitué le café au tabac.

Après 20 nouveaux jours de ce régime, il arrivait que mes priseurs oubliaient leur tabatière et ne retournaient plus la chercher : ils étaient guéris. Puis, le sucre, en fondant dans le nez, venait se cristalliser sur la moustache, dégoûtait mes malades de la prise et la cure était radicale.

Il est bien entendu qu'avec des tabatières de

10 grammes de capacité, pour l'usage quotidien, on aurait opéré par demi-grammes.

Je faisais moi-même les mélanges avec discrétion, en l'absence de mes fidèles que je forçais à venir tous les jours recevoir leur *ration bienfaisante*, comme le disait l'un d'eux, peintre intelligent et distingué, mais railleur.

Dans les derniers jours du traitement, les tabatières me revenaient à moitié pleines.

Je jetais les restes et remplissais la boîte du nouveau mélange.

Arrivés à la *période sucrée*, comme l'appelait mon sceptique Raphaël, je n'exigeais qu'une chose : que la tabatière, ou plutôt, la *sucrière* fût remplie tous les matins ; je tenais à ce qu'on prisât à *pleins bords*, jusqu'au dernier jour de la convalescence.

J'avais prévenu mes clients que s'ils se laissaient tenter et s'ils portaient les doigts dans la tabatière de leur voisin, ils ne guérissent pas en 60 jours et seraient obligés de recommencer le traitement comme s'ils n'avaient rien fait. Ces braves combattants fuyaient comme la peste leurs amis qui prisaient.

Celui qui prolongea son traitement de 10 jours nous fit l'aveu de sa faiblesse, et nous avoua qu'il avait pris plusieurs prises dans la

tabatière d'un vieux sceptique de ses amis, avec
lequel il faisait sa partie de piquet tous les
soirs.

Quand il se crut incurable, et qu'il vit ses
camarades rire au nez des priseurs, il conçut
une haine profonde contre son partenaire au
jeu de cartes, et ne voulut pas le rencontrer,
dans la crainte de céder aux sarcasmes du
vieux Méphisto, comme il l'appelait, et de
retomber dans l'impénitence finale.

Nous autres, médecins allopathes, nous ne
tenons pas suffisamment compte du traitement
moral en l'art de guérir. Les homœopathes sont
plus intelligents que nous sous ce rapport, et
surtout plus pratiques. Ils parlent au sentiment... ensuite, si les remèdes ne font pas de
bien, ils ne font pas de mal. L'esprit est souvent beaucoup plus affecté que le corps, surtout
dans ces maladies chroniques, rebelles à tous
les traitements les plus rationnels. Cette
lacune thérapeutique se comblera difficilement,
les malades continuant toujours à tromper leur
médecin ou à essayer de le faire.

Que de difficultés le praticien est obligé de
vaincre pour connaître la vérité; que de men-
songes il est obligé de *croire* pour prendre le
temps de deviner ce qu'on lui cache!... car on

ne la lui dit jamais la vérité, ou presque jamais.

Oh! ne riez pas, belles dames, vous êtes les plus *coupables*...; heureusement, pour vous, que nous vous savons par esprit et par cœur.

Dans le cas de guérison des *vieilles* habitudes, il faut toujours respecter le foyer morbide et n'agir que sur ses attributs, plus ou moins déclarés et connus.

Chez nos priseurs, toute la cause de guérison est dans la *tabatière*.

Celui qui dit, en jetant sa tabatière à la rivière : « Je ne priserai plus »; celui-là achètera un cornet de tabac chez le premier buraliste venu.

La plus grande jouissance du priseur est dans les caresses qu'il fait à sa tabatière, comme la plus impérieuse jouissance du fumeur de cigarette est dans la fabrication d'un spécimen de ses produits, ou les caresses qu'il prodigue aux boutons de son habit, quand il ne peut pas fumer avec liberté.

Conserver la tabatière au priseur, voilà le plus sérieux cas de guérison.

Voyons, chers lecteurs, assistons ensemble à la vue d'une prise de tabac; ne perdons aucun mouvement des doigts de l'acteur, et vous allez voir par quelle multitude d'impressions diverses il passe.

1er *temps :* D'abord, il relève la tête, porte lentement la main à sa poche et en tire sa boîte à tabac qu'il caresse doucement des doigts.

2e *temps :* Les deux mains empoignent la tabatière qui est retenue par la main gauche, tandis que le pouce de la droite en soulève le couvercle, et que le majeur et l'annulaire en tapotent doucement les parois, pour en égaliser la poudre.

3e *temps :* Le pouce et l'index plongent amoureusement dans la bienheureuse poussière qu'ils remuent, tassent, retassent et remuent encore, avant d'en emprisonner une prisée qui s'étale artistement sur le pulpe du pouce, qui vient gravement l'offrir à la narine gauche, qui en inspire insolemment la plus grande quantité, sans s'inquiéter de sa voisine, s'agitant fiévreusement sous l'influence du muscle élévateur des ailes du nez surexcité.

4e *temps :* La main droite retombe sur le couvercle de la boîte déjà aux trois quarts rabattu par la main gauche, et clôt bruyamment le magasin ambulant qui reprend la route du gousset, après avoir été caressé de nouveau, et avoir assisté à la toilette de propreté que pratique la main droite sur les habits, le jabot et la barbe de notre heureux malade, qui ne se doute pas qu'à chaque nouveau pansement de son catarrhe nasal il agrandit sa plaie.

On peut dire, sans trop d'efforts, dans quelle disposition d'esprit se trouve un homme, au moment où il ferme sa tabatière. Est-il calme, agité, fiévreux ou en colère? Cet indice n'est pas à dédaigner, lorsqu'il s'agit d'un ministre à qui l'on doit présenter une requête.

# CHAPITRE VI

## MALADIES ORGANIQUES DU NEZ

**L'ozène et son traitement.** — *Osœna;* ὄζαινα, de ὄζειν, sentir mauvais.

Cette maladie est caractérisée par un ulcère de la membrane pituitaire qui donne lieu à une odeur infecte, comparée, non mal à propos, à celle d'une punaise écrasée.

De là le nom de *punaisie* par lequel on désigne souvent cette affection, et celui de *punais* par lequel on désigne les individus affectés d'ozène.

Le siège et la nature précise de cette affection ne sont pas encore bien déterminés, au moins dans beaucoup de cas.

Quelques praticiens, ayant observé que cette infirmité est fréquente chez les individus dont

le nez est naturellement écrasé, l'attribue à la
rétention du mucus nasal dans les anfractuosités où il est sécrété. Dans ce cas, des soins
spéciaux de propreté et quelques injections
de permanganate de potasse font disparaître la
maladie.

L'ozène est quelquefois produit par une inflammation qui succède à la carie d'une dent
d'en haut.

L'ozène est très souvent de nature syphilitique, et dépend d'une syphilide papuleuse dé-
veloppée dans les cavités nasales, ou d'un état
syphilitique des parents directs ou des aïeux
paternels ou maternels.

Les papules ulcérées sont quelquefois suivies
d'une carie des os du nez, des cornets ou du
vomer, qui ajoute encore à la fétidité.

La marche de la maladie est lente et les
douleurs sont peu vives.

Dans ce cas, on peut guérir l'ozène par une
médication sagement ordonnée au double
point de vue interne et externe.

On a vu l'ozène se développer à la suite
d'un coryza chronique, et, souvent, sans au-
cunes causes connues. Des ulcérations se développent quelquefois aussi dans les fosses nasales sous l'influence d'une diathèse herpétique ;

elles présentent tous les symptômes du coryza chronique. On peut les reconnaître à l'existence de croûtes plus ou moins épaisses qui tombent spontanément, ou sont arrachées par les malades, et se reproduisent rapidement.

En plongeant le regard dans les fosses nasales, on peut apercevoir, très souvent, ces productions plus ou moins épaisses.

Cette affection est assez rebelle.

On la combat au moyen de fumigations et d'injections émollientes :

1° *Racines de guimauve et fleurs de violettes pures au début ;... ajouter de 25 à 5o grammes de chlorure de sodium* (sel marin) *par litre d'eau à partir du dixième jour de traitement ;*

2° Cautérisation avec de l'azotate d'argent;

3° Insufflations de poudres et injections styptiques et astringentes dans les régions profondes;

4° Dérivatifs sur le canal intestinal, purgatifs, laxatifs, etc.; vésicatoires à la nuque et derrière les oreilles.

Surtout, se renfermer strictement dans le cadre des ordonnances de son médecin et ne pas suivre les conseils trop nombreux, et toujours si désastreux, d'une amie ou d'un ami, dont la guérison miraculeuse a été opérée par une *femme savante*, une neuvaine ou une bouteille d'eau de Lourdes.

Lorsque les ulcérations ont un caractère *syphilitique*, elles sont généralement plus profondes que les ulcérations simples. On les combattra à l'aide d'un traitement spécifique prudemment formulé et sagement conduit par le médecin de la famille.

Je dis *médecin de la famille;* car aucun autre, mieux que ce fidèle ami, ne connaît les petits secrets et les misères intimes d'une génération; nul mieux que lui ne sait à qui incombe la responsabilité de telles ou telles idiosyncrasies, de tels ou tels accidents *tertiaires* ou exemples nombreux d'atavisme.

Les ulcères syphilitiques, scrofuleux, etc., causés par une affection des os des fosses nasales, sont beaucoup plus graves que les précédents; non seulement parce que la maladie est plus longue, mais parce qu'il en résulte des déformations quelquefois très considérables, par suite de la destruction du vomer ou des os propres du nez dont nous avons parlé.

Nous devons ajouter qu'il est des circonstances dans lesquelles le malade exhale, par le nez, une odeur très repoussante, sans qu'il soit possible de l'attribuer à aucune affection des fosses nasales ou des sinus ; il n'existe pas d'écoulement puriforme ; à peine, même, si les malades se plaignent quelquefois d'un peu d'enchifrènement.

Cet état est fort difficile à guérir, il peut avoir des causes profondes et internes du larynx, des bronches et des poumons.

Néanmoins, on cherche à le faire disparaître, à masquer les mauvaises odeurs :

1° A l'aide d'injections chlorurées, aromatiques ; injections à l'*alcool* ;

2° D'injections astringentes avec de l'eau saturée de sel marin, sel de cuisine.

Dans les cas rebelles, on emploiera les grands moyens conseillés par Trousseau et Jamin :

1° Injections astringentes, caustiques, mercurielles (sublimé), afin de modifier la vitalité de la membrane pituitaire ;

2° Inspiration de poudres astringentes possédant les mêmes propriétés ;

3° Faire priser du calomel ou de l'oxyde rouge de mercure, mêlé, dans une proportion très faible, à du sucre candi pulvérisé.

Il est bien entendu que ces médicaments, qui sont des poisons violents, ne doivent être employés qu'à des doses extrêmement faibles, et

sous la direction du médecin, qui prend les
mesures nécessaires et donne les instructions
pouvant préserver les malades de tout accident, en les prévenant de n'avaler aucune parcelle des drogues qui leur sont administrées.

Dans l'existence d'un vice constitutionel,
c'est au médecin, seul, qu'il appartient d'or-
donner et de diriger, suivant le cas, un traitement général *antisyphilitique, antiscrofu-
leux*, antiarthritique, etc., etc.

Voici l'injection désinfectante la plus généralement prescrite, pour combattre les mauvaises odeurs du nez provenant de punaisie
franche ou mixte :

> Permanganate de potasse.......... 1 gramme.
> Eau distillée...................... 500 grammes.

On accompagnera cette médication externe
de l'usage interne et quotidien de l'iodure de
potassium. qui est la préparation d'iode dont
on se sert le plus fréquemment. On peut la porter chaque jour de *un* à *quatre* grammes, sans
aucun inconvénient, chez les adultes des deux
sexes.

On peut se servir de la préparation suivante
qui donne une liqueur d'une belle couleur
jaune, et d'une transparence parfaite, que les

enfants boivent facilement, surtout quand elle
est sucrée :

|                      | 1re DOSE.        | 2e DOSE.        | 3e DOSE.          |
| --- | --- | --- | --- |
| Iode               | 2 centigr. 1/2.  | 5 centigram.    | 7 centigram.      |
| Iodure de potassium | 7 centigr. 1/2.  | 10 centigram.   | 12 centigr. 1/2.  |
| Eau distillée      | 250 grammes.     | 250 grammes.    | 250 grammes.      |

Nous avons cru devoir entrer dans quelques
détails de cette affreuse maladie de la pituitaire et des os du nez, qu'on a surnommée
dans l'argot médical : « *la vraie croix du malade et du médecin.* »

L'organe de l'olfaction reste encore le siège
d'un grand nombre d'autres affections que
nous allons brièvement énumérer. Le sujet qui
nous occupe est assez important et assez pas-
sionnant, pour que nos lecteurs désirent être
fixés, d'une manière aussi positive que possible, sur les infirmités qui peuvent atteindre les
diverses parties anatomiques du nez, ce noble
et bel organe humain qui révèle tant de secrets,
tant de belles et de vilaines qualités à l'œil
scrutateur de tous les philosophes. Il est des
moments psychologiques dans la vie où le nez
semble absorber toute la physionomie de
l'homme.

**Le langage des nez.** — Chez l'homme heu-

reux, vous voyez : *le nez en l'air!...* Tandis
que le malheureux, au contraire : *fait son
nez!...* Il y a des nez qui rient toujours et qui
rayonnent d'intelligence et de franchise comme
celui de Coquelin; il y en a d'autres qui vous
empêchent de danser en rond, comme ceux de
nos Basiles contemporains. Celui du jaloux se
pince et ferme ses portes; celui de Cadet ouvre
ses ailes avec cordialité.

Nous n'en finirions pas si nous entreprenions
l'énumération de ces contrastes.

Disons, d'une manière générale, que quiconque a de la finesse et de la délicatesse dans le
nez en a certainement dans quelques compartiments de son esprit.

Demandez à Musette, dans le nez de laquelle
il pleut, si elle est bonne, franche et généreuse?... et interrogez le Grec sur la correction de ses *élans* calculés et de sa généreuse...
personnalité.

. . . . . . . . . . . . . . . . .

. . . . . . . . . . . . . . . . .

Un grand nez, surmonté d'un front large
et proéminent, indique généralement une vive
convoitise de puissance, la persévérance à surmonter les obstacles ; en indiquant, en même
temps, le défaut de circonspection nécessaire

pour éviter ou éluder ces obstacles, et le manque de prévision qui les conjure. Celui de Napoléon 1er était de cette espèce. Napoléon détruisait et ne créait pas ; en science, il aurait pu faire un excellent chirurgien ; mais jamais un hygiéniste éclairé.

Prévenir les accidents exigent des qualités tout autres que pour les combattre ou les détruire, après les avoir inutilement ou inconsciemment provoqués.

En affaire, les gens à gros nez vont *très loin ;...* on les voit souvent menacer les remparts de la probité.

Les nez fins, aux ailes mobiles et parlantes, dénotent l'intelligence et la passion, surtout lorsque ces nez sont légèrement retroussés et s'harmonisent bien avec les yeux et la bouche. Socrate et Gall avaient un nez retroussé aux ailes mobiles et franches.

La mobilité des ailes du nez, assez rares chez les hommes, se montre très fréquemment chez la femme, à qui elle donne une physionomie charmante et irrésistible.

On connaît l'immense succès de M<sup>lle</sup> Duchesnois dans les rôles de Phèdre et d'Hermione, à cause, surtout, du grand parti que cette artiste savait tirer de la mobilité excessive de ses jolies narines roses.

Après l'histoire de l'ozène, faisons ensemble, chers lecteurs, si cela ne vous fatigue pas trop, l'énumération des accidents de toutes sortes auxquels ce noble et indiscret ornement est exposé.

Nous disons *indiscret*; car il nous livre malgré nous, malgré lui. Les lèvres se pincent et s'agitent à volonté, les yeux se ferment et se voilent d'une uvée de contrebande aux moments critiques de la vie commune et de relation; le nez ne peut pas tromper; car s'il ment... *il remue!*

Je professe un culte religieux pour les attributs de l'olfaction en général, mais j'en professe un tout particulier pour le nez; et c'est avec tristesse que je constate l'ingratitude de la nature à son égard. A peine a-t-il vu le jour, que les obligations de la vie le mettent en butte à toutes sortes de tiraillements journaliers, sans compter ses vices de conformation, ses maladies sans nombre et ses causes accidentelles si fréquentes.

Parmi ces désordres olfactifs, il en est quelques-uns auxquels l'art ne peut remédier, tels que *l'absence congénitale* et le *volume trop* considérable du nez.

**Nez trop gros, trop petits ou tordus.** — Bizarreries de la Nature, elle écrase un malheureux humain sous le poids de sa *générosité*, tandis qu'elle prive radicalement l'autre de tous ses dons : partiale ou aveugle marâtre ! Les uns ont le nez trop volumineux, les autres l'ont trop petit, ou n'en ont pas du tout.

Nous rencontrons tous les jours des enfants et des hommes qui ont le *nez dévié à droite ou à gauche*. On a attribué cela, chez les hommes, à l'habitude de se moucher toujours du même côté ; chez les enfants, à l'habitude mauvaise de se fourrer les doigts dans le nez.

Quelques auteurs ont conseillé un remède ; (il y a des gens qui ont un remède à tout), celui de se moucher du côté opposé afin de redresser l'organe malade. Ils ont oublié de nous dire si l'on devait contraindre l'enfant mal élevé à changer de narine, pour y pratiquer ses investigations, en vue d'une pareille guérison.

Ajoutons qu'on a inventé un bandage appelé *bandage du nez tordu* en vue de redresser cet organe : Ce bandage, que personne ne

veut porter, du reste, est aussi efficace que les
manœuvres empiriques dont nous venons de
parler.

Quant à la *division du nez*, quelquefois
congénitale, elle résulte, le plus souvent, de
lésions traumatiques. Dans l'un et l'autre cas,
les bords des téguments sont avivés au bistouri et rapprochés par des points de suture,
comme pour l'affection dite *bec-de-lièvre*.

**Les nez doubles.** — Nous avons aussi,
ô sainte profusion de la Nature!..... nous
avons aussi *les nez doubles*. Ce sont des ap-
pendices plus ou moins pédiculés de ces organes. Il est souvent facile de faire disparaître
ces tumeurs par l'excision : c'est une opération
peu douloureuse et qui n'offre, comme danger, que l'érysipèle consécutif.

**L'oblitération de l'ouverture des narines.**
— De plus, il existe souvent quelques vices de
conformation qui sont presque toujours acci-
dentels; tels sont :

*Le rétrécissement, ou l'oblitération de
l'ouverture des narines*, produit par une brû-
lure, par une plaie avec perte de substance,

par une ulcération de nature scrofuleuse, syphilitique, cancéreuse, etc.

**Les plaies rongeantes mangent-elles de la viande crue ?** — A propos des désordres effrayants causés par ces *plaies rongeantes,* comme on les appelle, il existe encore un préjugé entretenu par l'ignorance systématique dans laquelle on tient toujours les masses, quoi qu'on en dise. Ce préjugé consiste à persuader aux malheureux atteints de ces affections qu'*ils doivent nourrir leurs chancres, ou dartres rongeantes, avec de la viande fraîche de veau, de bœuf ou de mouton.*

La plupart des paysans, atteints de cette affreuse et dégoûtante maladie qui vous dévore tout vivant, servent de belles et bonnes tranches de viande à leur *enragé* comme ils l'appellent.

Cette pratique n'a rien de mauvais, ni de dangereux, ni de curatif. Elle procure quelques instants de repos au malade, en provoquant une fraîcheur momentanée sur les bords sanguinolents de cette fournaise ardente. Si le remède ne nourrit pas le monstre, au moins, il le désaltère ; s'il ne le tue pas, il en atténue les morsures cruelles et douloureuses.

Lorsque les rétrécissements des narines sont trop considérables, ou amènent une oblitération complète, on pratique des dilatations ou des incisions.

Velpeau et Jobert ont employé l'*autoplastie* par inflexion ou renversement, pour remédier à ce vice de conformation.

**L'Autoplastie**, de αὐτος, soi-même, et πλασσειν ou πλαττειν, faire, imiter, devrait signifier l'art ou l'action de faire soi-même un objet quelconque; mais il a été employé récemment pour exprimer un mode de prothèse chirurgicale qui consiste à remplacer une partie détruite, en prenant, sur le malade lui-même, les matériaux nécessaires pour cette opération.

*Lorsque le nez a été détruit* par un ulcère, la gangrène, la congélation, etc., on peut masquer la difformité par un nez artificiel.

Quelquefois, il est possible, en empruntant un lambeau aux parties voisines, de remédier à la destruction d'une partie du nez, ou même de refaire cet organe en partie à l'aide de la *rhinoplastie*.

**Rhinoplastie.** — On entend par *rhinoplastie*, de ριν, nez, et πλασσειν, former, un exemple d'*autoplastie*. C'est une opération ayant pour but de refaire un nez, lorsque cette partie du visage a été retranchée ou détruite par une cause quelconque, comme dans le cas qui nous occupe.

Disons un mot de cette curieuse opération qui fut d'abord pratiquée dans l'Inde, où l'amputation du nez est une peine fréquemment infligée.

La méthode la plus ancienne consistait à appliquer, sur la plaie du visage encore saignant, un morceau de peau et de tissu cellulaire sous-adjacent, de la grandeur et de la forme de la portion du nez amputée. Ce morceau était pris dans les téguments de l'une des fesses, maintenu en position par des bandelettes agglutinatives, jusqu'à ce qu'il eût contracté adhérence avec les lèvres de la plaie : de petits morceaux de bois taillés convenablement étaient placés dans les narines pour empêcher leur occlusion.

Suivant une autre méthode (celle de Celse), on prenait, avec de la cire, la mesure de ce qu'il fallait de peau ; on appliquait cette cire sur le front, et l'on taillait sur ce *patron* nouveau genre ; mais on avait soin de ne point détacher entièrement le morceau ainsi taillé.

et de conserver intact une sorte de pédicule pour la nutrition du lambeau : on opérait un *marcottage*. On rabattait ce lambeau en le retournant de haut en bas, au moyen d'une torsion faite à la languette adhérente ; et, après avoir avivé la plaie du nez, on y appliquait ce lambeau, en ayant soin de bien affronter les bords, et en le maintenant avec des bandelettes agglutinatives et un bandage approprié.

Au bout de quelques jours, on formait les narines avec des bourdonnets de charpie, et, vers le vingt-cinquième ou trentième jour, quand le nez était bien enté sur le visage, on coupait le pédicule qui l'attachait au front.

Suivant une troisième méthode, on taillait, sur le bras, le lambeau de peau nécessaire ; et ce lambeau, converti en nez, était nourri par les vaisseaux du bras, jusqu'à ce qu'il se fût bien greffé sur le visage.

A cet effet, le bras était tenu élevé et attaché près de la tête pendant plusieurs jours. La méthode qui consiste à emprunter au front les tissus nécessaires, et à ne détacher complètement le lambeau qu'après l'adhésion des bords latéraux, est celle que l'on suit aujourd'hui.

Les emprunts sur le bras présentent trop de difficultés à cause de l'impossibilité où l'on se trouve d'immobiliser ce membre, sans provoquer de vives douleurs de cette fausse position prolongée.

Puis, arrivent les *chutes*, les accidents qui cassent et déforment le nez à tous moments.

Parmi ces lésions traumatiques citons les plaies superficielles obliques, transversales et en lambeaux qui nécessitent les pansements au diachylon et les points de sutures.

On a des cas de décollement complet du nez et de son recollement possible ; il est vrai que quelques lambeaux ont parfois manqué à l'appel.

Les solutions de continuité dans cette région déterminent souvent un emphysème qui gagne les parties latérales du nez, les joues, les paupières et vous défigure momentanément.

**Contusions**. — Si le nez est victime d'une contusion violente, il se produit un épanchement de sang, une ecchymose qui peut s'étendre jusqu'aux paupières, amener des abcès, de la céphalalgie, de la fièvre, etc.

Ces abcès détruisent souvent les adhérences des cartilages avec les os propres du nez, et laissent, après la guérison, un léger enfoncement sur le milieu du dos du nez.

Cette difformité dénature l'expression du visage en condamnant le nez au *mutisme* éternel.

Ajoutez à cela les fractures et les luxations des os propres du nez, et vous aurez une faible idée des accidents traumatiques de cet organe.

Aux lésions traumatiques viennent s'ajouter les lésions organiques non moins nombreuses ; car les os du nez sont susceptibles des mêmes altérations que les autres parties du squelette.

En cas de carie ou de nécrose des os, la déformation apparaît encore et, de plus, *la croix du malade et du médecin* dont nous avons parlé à l'article OZÈNE.

**Les verrues et les tannes.** — Les *verrues* et les *tannes* viennent aussi se percher sur le nez, comme si elles n'avaient pas de place pour se développer sur toutes les autres régions invisibles du corps. On voit même des tumeurs érectiles se prélasser insolemment sur un pauvre lobule hypertrophié par une énorme tumeur éléphantiasique. Ces tumeurs sont caractérisées par l'hypertrophie, c'est-à-dire le développement considérable de la peau, du tissu cellulaire (la graisse) et des follicules sébacés, parties intégrantes de la peau.

Les tissus hypertrophiés augmentent de consistance et sont lardacés ; quelquefois même ils prennent une dureté qui rappelle celle du cartilage... Quel nez !

On ne connaît guère la cause précise de cette maladie. On a prétendu que l'usage immodéré des boissons alcooliques avait une certaine influence sur leur développement... Cette raison-là en vaut bien une autre !

Il n'y a qu'un traitement : l'extirpation de la tumeur par un instrument tranchant.

Cette opération présente un danger imminent : le développement consécutif d'un érysipèle de la face. Il ne faut donc la pratiquer que dans le cas où la tumeur gêne absolument le malade, soit par sa position, soit par son volume.

Comme complément des lésions organiques, ajoutons les ulcères variés du nez dont la thérapeutique a raison aujourd'hui. Les carcinomes (cancers), les ulcères cancéreux qui ont des chances de guérison lorsqu'ils sont attaqués *au début*.

On remarque aussi des *vices de conformation des fosses nasales* : La perforation spontanée ou accidentelle de la cloison, la déviation de cette cloison ou l'hypertrophie des cornets.

**Corps étrangers dans les cavités et les sinus nasaux** — Mais les maladies du nez sont encore provoquées par l'introduction de corps étrangers dans ses cavités nombreuses et de corps fibreux, spongieux, durs et mous dans les fosses nasales. Parmi ces corps étrangers, les uns viennent du dehors et ont été introduits directement dans les narines ; d'autres viennent des voies digestives et ont pénétré par l'ouverture interne du nez pendant les vomissements ; d'autres, enfin, se sont développés spontanément : ce sont *les calculs.*

Les corps étrangers des deux premières catégories, lorsqu'ils sont d'un petit volume, arrondis, sortent en général spontanément. Lorsqu'ils pénètrent dans les sinus frontaux ils peuvent y séjourner fort longtemps. Ces cas ne sont pas rares dans les plaies d'armes à feu.

Mackensie cite le fait d'un général français atteint à Waterloo par une balle qui, après avoir déchiré l'œil, traversa la partie supérieure et interne de l'orbite et vint se loger dans le sinus frontal. La balle resta douze ans dans le sinus sans produire aucun accident, lorsque le blessé se réveilla, une nuit, avec la sensation d'un corps qui lui tombait dans la gorge, et rejeta aussitôt la balle par la bouche. Ces corps étrangers, introduits accidentellement dans les sinus frontaux, sont de nature variable : le plus souvent, disent les professeurs Follin et Duplay, ce sont des pointes d'épée, de fleuret, de couteau, etc., ou bien des projectiles lancés par la poudre. Il n'est pas très rare, ajoutent ces illustres maîtres, que ces corps restent solidement fixés dans l'une ou l'autre paroi du sinus, sans déterminer d'accidents graves.

Une jeune fille, citée par Haller, dans ses *Opuscules pathologiques*, aurait gardé pendant neuf mois l'extrémité d'un fuseau fixée dans un des sinus frontaux.

Larrey, dans le quatrième volume, page 87, de ses *Mémoires et Campagnes*, rapporte un cas plus curieux encore, dans lequel une pointe de flèche resta dans le sinus pendant quatorze ans.

Au *Bulletin de la Société anatomique* (1862), Duplay rapporte un fait qu'il a observé dans le service du professeur Gosselin, et dans lequel fait une balle, primitivement enclavée dans la partie postérieure du sinus frontal, s'était ensuite détachée sous l'influence de la suppuration et était venue se loger à la partie la plus déclive du sinus, d'où on put l'extraire.

Quelquefois, l'élimination de ces corps se fait spontanément. Par exemple, comme dans le cas cité plus haut d'après Mackensie.

Malgré tout, ce sont des hôtes dangereux qui peuvent entraîner de grands désordres organiques du côté du cerveau et provoquer la trépanation, c'est-à-dire la perforation artificielle du crâne.

Un mot, en passant, aux pères et mères de famille.

**Un conseil aux pères et mères de famille.** — Les enfants, surtout les petits, ont la rage de se fourrer toutes sortes de choses dans le nez, la bouche et les oreilles.

Lorsqu'ils s'introduisent dans le nez de petits corps susceptibles d'augmenter de volume après leur introduction sous l'influence de la chaleur et de l'humidité, comme les lentilles, les pois, les haricots, il faut pratiquer immédiatement l'extraction de ces corps étrangers qui provoquent rapidement de grandes douleurs et de grands désordres.

Il ne faut pas laisser à la portée des enfants, trop jeunes, les causes premières de ces acci-

dents. Il faut aussi éviter d'attacher au cou de
ces bébés au berceau des parures de perles ou
de billes en os ou en ivoire, si bénies ou bénites
qu'elles soient. L'enfant casse, de ses doigts
crispés, le cordon de son collier et s'introduit
dans le nez, la bouche et les oreilles tous ces
petits corps durs et ronds.

Plusieurs enfants ont été victimes de ces
coutumes absurdes. Plusieurs sont morts.
Cette dernière terminaison est celle des cas où
les perles sont tombées dans le larynx et ont
été entraînées, de là, dans les bronches, par les
brusques inspirations qui accompagnent toujours les pleurs, les cris ou le rire des enfants.

**Introduction dans le nez, d'animaux vi-
vants.** — On observe aussi, dans les sinus
frontaux et maxillaires des ascarides lombri-
coïdes (des vers), qui y ont été portés par le
vomissement.

On va de surprise en surprise quand on
explore les domaines si fins et si délicats du
nez. Plus un organe est utile et procure de
jouissances, plus il est compliqué, plus il est
exposé à toutes sortes d'accidents.

Je ne peux pourtant pas passer sous silence
ceux de ces accidents causés par les animaux

parasites, qui s'introduisent dans les fosses nasales, de la présence de certaines larves d'insectes dans les cavités du nez.

Cette affection, heureusement exceptionnelle
dans nos climats, a cependant été signalée
quelquefois en France; mais dans les pays
tropicaux, à Cayenne et aux Indes, elle est
assez commune pour qu'à Allyghar, petite
ville de l'Inde, en moins de quatre ans, on en
ait observé 91 cas, dont plusieurs mortels.

Cette affection est relativement fréquente au
Pérou, d'après le docteur Ornellas.

Les insectes qui pénètrent dans les cavités
nasales appartiennent presque exclusivement à
la tribu des *mucides*.

C'est tout à fait par extraordinaire, dit le
professeur Follin, que Maréchal (de Metz) a
signalé, dans le sinus frontal, la présence
d'une scolopendre.

L'espèce qui, en France, a déterminé le
plus souvent des accidents, est la mouche bleue
de la viande *(Calliphora vomitoria)* qui a l'habitude de déposer ses œufs sur les chairs corrompues ou dans des nez mal soignés qui sentent mauvais.

Cette malpropre bestiolette, *aux goûts dépravés,* poursuit les enfants et les adultes

qui ont le nez sale ou de l'ozène, comme elle
poursuit les foyers d'animaux en décomposition. Les malades ou les malpropres n'ont qu'à
bien se garder, ou à bien se calfeutrer les narines avec du coton imbibé de décoction de tabac ou de térébenthine.

Je vois les priseurs se frotter les mains et se
moucher bruyamment en riant dans leur tabatière. C'est qu'en effet les hommes de la catégorie des nez culottés sont préservés des mouches à viande ; mais qu'est-ce que cela prouve,
sinon qu'ils les effraient... les chassent et les
tuent à plusieurs mètres de distance... grâce à
leur délicieux préservatif, à leur parfum spécial !

Savez-vous ce que nous trouvons.à l'autop-
sie, dans les sinus frontaux et les arrière-com-
partiments du pharynx chez les priseurs ?... Des
pelotes de tabac tassées comme du marc de
café. On gratte ces dépôts avec le scalpel,
comme on gratte la suie de tabac dans les bronches des fumeurs.

Mais glissons rapidement sur ces infirmités humaines, infirmités sottement acquises
par des hommes qui ont généralement le corps
et l'esprit sains... du moins au début de leur
empoisonnement général chronique.

Dans les pays chauds, c'est une mouche d'une espèce d'un genre voisin de la nôtre, la *lucilie,* qui s'introduit de préférence dans les cavités naturelles. Ses instincts destructeurs l'ont fait nommer : la *lucilie hominivore,* par Coquerel.

C'est à l'époque de la ponte de ces insectes, dans les mois chauds de l'année, de juillet à septembre, que l'on observe surtout les accidents en question.

La malpropreté, la mauvaise hygiène, l'existence d'un écoulement purulent et fétide y prédisposent; mais les nez les plus propres ne sont pas préservés de leurs attaques.

C'est sur les individus endormis que la mouche vient le plus souvent pondre ses œufs; cependant le professeur Coquerel rapporte que, dans la Guyanne, souvent, la perfide bête cherche à s'insinuer dans les fosses nasales, même en plein jour, et durant la marche des voyageurs.

Elle attaque les individus de tout âge, et les indigènes aussi bien que les étrangers; elle est très méchante et très redoutée.

Suivant Odriozola, il y aurait une prédisposition marquée pour les personnes dont les narines sont relevées, largement ouvertes, et dont la racine du nez, peu enfoncée, se trouve sur le même plan que le front : c'est ce qui explique, ajoute Duplay, comment les nègres sont beaucoup plus souvent atteints que les blancs.

Les mouches déposent leurs œufs à l'entrée des narines et les mouvements inspiratoires les entraînent plus profondément et jusque dans les sinus frontaux, où les larves se développent.

Les accidents auxquels donne lieu le développement des larves de mouches dans les fosses nasales sont d'autant plus terribles, que, d'abord insidieux, ils n'attirent en aucune façon l'attention du malade; puis, tout à coup, des phénomènes très graves se déclarent, et, souvent, il n'est plus temps d'y porter remède.

**Croissance rapide des larves introduites dans le nez.** — Cette marche rapide s'explique en songeant aux prodigieux progrès que font les larves en quelques jours.

D'après les observateurs qui ont étudié la croissance des vers de la mouche à viande, on sait que dès le troisième jour de leur naissance, par une température favorable, ils pèsent *deux*

*cents fois plus que dans les vingt-quatre pre-
mières heures.*

Ces données sont le résultat d'expériences faites dans nos climats.

Combien, à plus forte raison, l'accroissement des larves doit-il être rapide dans les pays chauds, où le soleil et l'humidité activent si prodigieusement le développement de toutes les espèces animales et végétales.

La guérison peut quelquefois survenir, au bout de trois ou quatre jours de douleurs frontales aiguës, lorsque le malade a expulsé par le nez un nombre de vers plus ou moins considérable, vingt à vingt-cinq par jour. Ces malheureux malades sont occupés à se *tirer les vers du nez;* et, plus ils s'en tirent, plus ils se réjouissent.

Dans d'autres cas, les phénomènes inflammatoires augmentent, la fièvre s'allume et les malades expirent au milieu des plus affreux tourments.

Les médecins de Cayenne traitent cette maladie par des liquides chlorureux, alumineux, ou encore une solution de sublimé à la dose de *cinq centigrammes* pour 30 grammes d'eau.

Dans les Indes, les Anglais donnent la pré-

férence aux injections de tabac et de térébenthine associés à un traitement tonique.

Au Pérou, on prescrit de priser de la poudre
de *veratrum sobadilla*. Des prises de tabac
feraient le même effet.

Enfin, si, malgré ces moyens, le mal fait des
progrès, la trépanation des sinus frontaux est
absolument indiquée, afin d'y pratiquer directement les injections médicamenteuses.

. . . . . . . . . . . . . . . . .

. . . . . . . . . . . . . . . . .

A ces terribles accidents viennent encore
s'adjoindre de nouvelles maladies des fosses nasales. On dirait que le nez est un foyer pathologique où toutes les maladies humaines se sont
donné rendez-vous. Nous pourrions écrire dix
volumes sur cet intéressant chapitre si nous
passions un instant à la physiologie générale
et comparée. Nous verrions que les animaux
ont aussi leurs misères *dans le nez*. Pour n'en
citer qu'un seul cas, je prendrai, comme exemple, le cheval, qui, en buvant, inspire des
sangsues par le nez, la seule voie par laquelle
il puisse introduire l'air dans ses poumons. Ces
bêtes provoquent, chez ce noble animal, des
hémorrhagies nasales quelquefois si violentes,
qu'on est obligé de pratiquer la trachéotomie

afin de sauver le sujet que les tamponnements des narines asphyxient.

**Production de cailloux dans le nez** (calculs durs). — **Épistaxis.** — Après les bouts d'épées, de couteaux, les balles de fusils et les vers viennent les *cailloux*. Il se forme dans le nez des calculs d'une dureté telle que les pinces et les burins s'émoussent en les attaquant. Il faut extraire ces corps étrangers avec des daviers solides après avoir fait aux parois du nez des ouvertures considérables.

Chez un autre malade, au lieu de corps durs comme du silex apparaissent des tumeurs sanguines, des abcès des cloisons et des *épistaxis* rebelles, ou hémorrhagies nasales.

Dans le cas de saignements de nez persistants il faut, pour les arrêter, placer le malade dans un lieu frais, la tête élevée ; appliquer sur le front et les tempes des compresses imbibées d'eau froide, d'oxycrat ou d'éther ; ou mieux, élever verticalement durant deux à cinq minutes le bras du côté où a lieu l'écoulement, pendant qu'on tient les narines bouchées. Il est des cas où ces moyens sont insuffisants et où il faut recourir au tamponnement ou à l'injection d'une solution de perchlorure de fer.

La membrane pituitaire, comme les ailes du nez et le lobule, a aussi ses cas d'hypertrophie. Elle épaissit considérablement et détermine de la gêne dans la respiration, surtout sous l'influence de temps froids et humides.

C'est encore, ici, le cas de recommander aux dames de bien s'abriter les voies aériennes sous leurs voilettes épaisses et bien chaudes, à la hauteur de cette région. Il faut, à tout prix, éviter l'introduction de l'air froid sur les muqueuses nasales, comme il faut l'éviter dans le larynx, la trachée-artère ou les bronches, dans les cas de laryngites aiguës ou chroniques, ou de bronchites rebelles.

**Les polypes du nez.** — Les polypes des fosses nasales sont des excroissances muqueuses ou fibreuses. Ils peuvent atteindre des dimensions très grandes et remplir tous les sinus frontaux et maxillaires. Dans ce cas, leur extirpation est difficile et la déformation du visage est le moindre des dangers qui peuvent survenir.

Généralement, les polypes mous se renferment dans les fosses nasales et s'arrachent aisément au moyen de pinces spéciales.

Les polypes se diagnostiquent facilement,

soit par l'inspection directe, soit indirectement en faisant souffler le malade par le nez, d'où s'échappe alors *un bruit de drapeau* caractérisé par Dupuytren.

Cette maladie n'est généralement pas dangereuse...; on arrache les polypes mous sans beaucoup de douleurs..., mais ils reviennent; on les arrache encore..., mais ils reviennent toujours... ils sont comme la mer.

Pour ce qui est des polypes fibreux, c'est différent. Cette affection est plus grave ou du moins plus sérieuse.

Il y a des polypes fibreux *nasaux, naso-maxillaires, naso-frontaux* et *naso-pharyngiens*, suivant qu'ils ont leur implantation dans les fosses nasales, les os maxillaires, les os frontaux ou le pharynx.

Ces polypes sont durs, résistants, blancs à l'intérieur, formés de fibres entre-croisées. Ils sont presque toujours solitaires, tandis que les polypes muqueux le sont rarement.

Ces tumeurs écartent les parois osseuses qui s'opposent à leur développement, déplacent la cloison, dépriment la voûte palatine, repoussent en avant les os propres du nez, perforent même les os; c'est ainsi qu'on les a vues pénétrer jusque dans l'orbite et dans le crâne, refoulant l'œil

et le cerveau, puis passer de la cavité d'un sinus dans les fosses nasales et réciproquement.

Il est très difficile d'enlever ces tumeurs en
entier, à cause de leurs prolongements multiples.

On opère par l'*arrachement*, l'*excision*, *la
ligature, la cautérisation, le broiement, la
compression, le séton* ou par un procédé mixte
emprunté à plusieurs de ces méthodes; c'est ce
qu'on appelle une *opération composée.*

Voilà, aussi succinctement que possible, les
diverses affections courantes des régions olfactives.

Cette étude aura, nous l'espérons, malgré
sa rapidité, l'avantage de provoquer l'attention des familles et des gens du monde sur
un point pathologique considéré, à tort, jusqu'à présent, comme étant d'une importance
très secondaire et ne méritant pas d'attirer
l'attention publique.

Relativement à la conservation de l'individu,
le sens de l'odorat est des plus importants. Ce
sens garde l'entrée des voies respiratoires, explore les gaz à leur passage par les narines,
et nous révèle les qualités nuisibles de l'air.

Il est aussi le premier explorateur des aliments nouveaux. Souvent, la seule odeur qu'ils

exhalent, au moment où on les porte à la
bouche, suffit pour les faire jeter ou admettre.

Sous ce rapport, encore, les animaux sont
mieux doués que nous. L'homme ne trouve
pas toujours dans ce sens les indications dont
il a besoin ; ces indications sont souvent trom-
peuses ou au moins insuffisantes. Elles ne nous
préviennent pas, par l'air, des gaz dont la respiration est dangereuse, comme le gaz acide
carbonique, par exemple, qui est inodore pour
nous. Dans d'autres cas, elle nous fait trouver
une odeur peu agréable à un bon aliment : les
fromages, en général ; et une odeur agréable à
de certains poisons.

Pour les animaux, au contraire, nous avons
eu occasion de citer divers exemples qui prouvent avec quelle sûreté l'odorat les guide à la
fois dans la recherche et le choix de leur nourriture. Cependant il peut arriver, mais très rarement, que des animaux s'empoisonnent en
mangeant des substances vénéneuses.

L'odeur d'un aliment qui déplaît provoque
la salivation et fait naître un sentiment de dégoût. Cette dernière impression est une sentinelle vigilante que la nature semble avoir pré-
posée, à l'entrée des organes digestifs, pour
mettre un terme à la gloutonnerie, et il est par-

fois dangereux, et toujours imprudent, dit Gerdy, de désobéir à sa voix.

« Ce qu'il y a de très remarquable, dit un de nos physiologistes les plus distingués, le professeur Colin (d'Alfort), c'est que l'odeur de la chair, des substances animales, déplaît généralement aux herbivores. Celle de la chair corrompue donne souvent des espèces de convulsions au cheval et met en fureur le taureau; l'odeur même si agréable de la chair rôtie leur inspire parfois une espèce d'aversion impossible à rendre, mais dont on juge bien à leur expression et à leurs mouvements. L'odeur de la chair des carnassiers déplaît aux individus de l'espèce dont elle provient. »

L'homme éprouve les mêmes répulsions à l'olfaction et à la vue de la chair humaine cuite ou dépecée; à l'odeur du caoutchouc brûlé, etc.; mais chez l'homme, il y a le discernement et l'imagination qui amplifient tout. « Il est des odeurs très agréables, insupportables même pour certains animaux, qui ne déplaisent pas à d'autres ou qui en sont recherchées. Les odeurs cadavériques n'inspirent pas d'aversion au chien, ou chacal, au vautour, au corbeau, tandis qu'elles éloignent les carnassiers qui vivent de proie vivante. L'odeur de putréfaction, ajoute notre savant ami, attire la mouche carnassière, les nécrophores, les carabes. Divers pucerons et d'autres insectes vivent sur les ciguës. La chenille d'un sphinx se fixe sur une euphorbe. Le *silpha littoralis* vit dans les cuves à macérations. Le *scarabeus taurus*, dans la fiente du bœuf, etc. » (*Physiologie comparée des animaux*, par G. Colin.)

# CHAPITRE VII

## LES ATTRIBUTIONS D'UN NEZ SAVANT

**L'éducation du nez.** — L'éducation du nez est trop négligée. Non seulement on ne pense pas à l'application de ce sens quand on en fait usage, mais on ne prend aucune mesure intelligente et raisonnée pour le développer, le perfectionner et le préserver des accidents désastreux auxquels on l'expose tous les jours.

La perfection des sens est, comme la perfection de tous nos autres organes, relative à l'exercice et à l'éducation de ces organes.

**L'odorat est le précurseur de l'amour et l'air en est le messager (Cloquet).** — Piesse, dans la préface de ses *Odeurs, parfums et* *cosmétiques,* dit avec beaucoup de tact et de sens :

« Pour le nez ignorant, toutes les odeurs sont pareilles ; mais le nez civilisé par le plaisir ou l'intérêt devient le plus délicat et le plus sagace des organes. Les marchands de vins et de thés, les droguistes, les importateurs de tabac, d'autres encore, doivent imposer à leur appareil olfactif un véritable cours d'instruction. Un négociant en houblon plonge son nez dans un sac, aspire le parfum de la fleur, et dit ensuite le prix qu'il en veut donner. On a besoin de se rappeler les odeurs, et la ténacité avec laquelle elles se fixent dans la mémoire, est un fait à remarquer. Un parfumeur expérimenté a parfois deux cents odeurs dans son laboratoire, et sait distinguer chacune d'elles par son nom. Quel musicien pourrait, sur un clavier, comprenant deux cents notes, reconnaître et nommer la touche frappée sans voir l'instrument ? »

En amour, le nez doit encore être plus subtil qu'en parfumerie artificielle, et pouvoir distinguer, au moyen d'une parcelle odorante, vivante, la femme que nous devons le plus chérir et aimer.

Et puis, les parfums du laboratoire féminin

sont loin de présenter la stabilité des parfums créés par l'homme.

Nous verrons à quels brusques changements ils sont soumis.

La joie, la douleur, le calme et la colère influent constamment sur les qualités aromatiques de la femme.

Quel que soit le degré de perfection olfactif que nous atteignions, la femme saura toujours satisfaire à tous nos désirs et à toutes nos convoitises.

Oui, l'odorat est le précurseur de l'amour, et l'air en est le messager.

Nous attachons tant d'importance à l'*esprit du nez et à son éducation*, au triple point de vue de l'hygiène, de la vie privée et de la vie de relation, que nous faisons tous nos efforts pour communiquer à nos intelligentes et sympathiques lectrices toute l'admiration que nous avons pour ce chef-d'œuvre de la nature ; mais aussi, et surtout, pour leur inspirer le goût de ces hautes et saines études recommandées par les plus grands penseurs du monde qui ont répété aux quatre points cardinaux de l'humanité : « *Nosce te ipsum*. Connais-toi toi-même... use de tout, mais n'abuse de rien... et arrête toute maladie au début ! »

**Action directe des odeurs sur le cerveau.**
— Le sens de l'olfaction met le cerveau directement en rapport avec les parcelles des corps odorants, c'est-à-dire avec ces corps eux-mêmes.

Aucun sens n'agit si directement sur la pulpe cérébrale que le sens olfactif.

Quand on sent une odeur, on s'imprègne de la matière même de l'objet odorant ; quand on sent la rose ou la violette on se sature de corpuscules ténus de rose et de violette ; quand on sent une femme, on s'imprègne, on se sature du parfum vivant de cette femme.

Aucune assimilation amoureuse ne se fait plus promptement et plus radicalement que par le nez.

Aucun amant, aucun époux ne résiste à la tentation, aux provocations et aux caresses d'une femme aimée, dégageant, dans l'ombre, un parfum naturel enivrant et suave.

« Nul doute, dit le professeur Longet, que, par l'intermédiaire de l'olfaction, l'encéphale ne puisse être influencé très directement, et que les effets des odeurs sur l'économie animale ne soient extrêmement variés. »

Certains parfums ont la propriété de faire chanter, en cage, des oiseaux qui s'obstinent à

ne moduler aucun son, ainsi que nous le verrons tout à l'heure.

Dans certains cas, on a exclusivement attribué, à l'action spéciale des effluves odorantes
sur l'organe olfactif, des effets qui sont dus au
concours simultané de ce sens et du trijumeau,
groupe de nerfs tout à fait étrangers à l'olfaction.

Le trijumeau est un nerf de la sensibilité
générale et non un nerf de sensibilité *spéciale*
comme le nerf olfactif. Les nerfs de sensibilité
spéciale ne sont affectés que de ce qui rentre
dans le domaine de leurs attributs. Ainsi, le
nerf olfactif ne perçoit que les odeurs ; on peut
le couper, le brûler, le tenailler, il ne fait
éprouver directement aucune douleur au sujet.

Il en est de même du nerf optique, acousti-
que, lingual, etc., ainsi que du grand sympathique, nerf de la vie organique, que nous citons en passant ; ajoutons qu'aucun organe
n'est plus *capricieux* et plus incompréhen-
sible que ces nerfs insensibles aux excitations
directes, et, pourtant, si impressionnables sous
l'influence des odeurs, des sons, des images,
du goût, et des émotions psychiques. Ainsi le
grand sympathique, ou système ganglion-
naire, chez la femme, provoque à toute heure,

des effets des plus curieux et des plus bizarres, tels que syncopes, spasmes, soubresauts, étouffements, etc., etc.

L'action des odeurs est très diversifiée ; elle est dépendante de mille causes diverses. Cette action, toujours directe, est parfois d'une intensité considérable et redoutable. Elle peut engendrer, avec l'extase et la jouissance vive, des effets morbides puissants et mortels.

Cloquet rapporte les faits suivants qui viennent sanctionner savamment ce que nous disons dans cette étude rapide et discrète du *Parfum de la femme*, et de l'influence générale de ce parfum sur l'homme qui s'en imprègne, s'en étourdit et s'en grise voluptueusement.

**Accidents causés par les odeurs.** — Les personnes occupées à recueillir la bétoine, pendant les fortes chaleurs de l'été, deviennent ivres et chancelantes, comme après un excès de vin.

Les émanations de la racine d'ellébore blanc causent, à ceux qui l'arrachent sans précaution, de violents vomissements.

Des hommes, endormis dans un grenier où se trouvaient des racines de jusquiame noire, se réveillèrent atteints de céphalalgie et de stupeur.

Les odeurs émanées de cadavres en putréfaction ont suffi pour causer la mort presque instantanée des individus chargés de l'inhumation.

En 1779, une femme de Londres, ayant renfermé dans sa chambre à coucher un grand nombre de lis en fleurs, fut trouvée morte dans son lit, etc., etc.

Les mauvaises odeurs, dit Tissot, éteignent bien certainement le génie et peuvent même abattre les facultés de l'âme.

La *bromidrose* et l'*ozène* peuvent épargner l'affection ; mais tuent impitoyablement l'amour.

On a fréquemment rapporté à l'odeur des fleurs, en particulier, des accidents dus à l'acide carbonique qu'elles dégagent ; mais à part les cas où une grande quantité de feuillages verts accompagnent ces fleurs, le plus grand nombre d'accidents est occasionné par l'impression olfactive elle-même, qui retentit avec tant de violence sur les centres nerveux de certaines personnes impressionnables.

Il ne faut pas rire ni se moquer des jeunes filles ou des femmes qui fuient telle ou telle odeur ou s'en trouvent incommodées. Le devoir de tout galant homme, en pareille occurrence, est d'apporter le plus prompt soulagement à ces charmantes amies, en leur donnant de l'air et en les mettant à l'abri des émanations parfumées qui leur troublent les sens et la raison avec si peu de courtoisie.

La présence de quelques fleurs odoriférantes dans de vastes appartements suffit pour produire, chez certaines personnes, des céphalalgies, des vertiges, des syncopes, des convulsions, des vomissements, un état de somnolence profonde, etc.

Que de pauvres enfants dont la *danse de Saint-Guy,* la chorée, n'a pas d'autres causes ! Que de pauvres petits êtres rebelles à toutes les odeurs ou à quelques-unes seulement, qui s'étiolent au milieu d'une atmosphère corrompue, de parfums artificiels ou de fumée de tabac ! Que de pauvres femmes qui souffrent toute leur vie ou s'énervent constamment par la senteur de flacons odorants qui troublent leurs sens, leurs appétits et leurs affections les plus tendres et les plus sacrées ! Que d'ivresses et que d'orgies morales et physiques ont été engendrées et provoquées par l'abus des odeurs, avec autant d'énergie et d'incurabilité que par les liqueurs fortes!... Enfin, que de dépravations de toutes sortes engendrent tous les jours le chloroforme et l'éther, cette *absinthe* d'un autre genre, dont nous parlerons en temps et lieu.

Une femme parfumée d'éther ou de chloroforme est un narcotique ambulant diurne et nocturne. Elle fatigue toujours et ne réjouit jamais ceux qui vivent en sa compagnie. Elle n'a plus qu'une passion : sentir! sentir toujours!... Mais le sens de l'olfaction s'émousse, se fausse et se détruit vite par l'usage quotidien des parfums enivrants ; bientôt, on ne les sent plus. La femme qui en abuse en est bientôt saturée, sursaturée même, car ses tissus organiques sont aromatisés ; elle est, en quelques semaines, transformée en une boutique de parfumerie contagieuse et dangereuse.

**Une illusion olfactive.** — Souvent les hommes qui fréquentent ces femmes ont le sens de l'olfaction perverti comme elles. Ils prennent pour des exhalaisons naturelles du corps de la femme aimée des parfums délétères étrangers qui exaltent leurs sens et troublent leur raison. Dans ce cas, tout est faux, tout est illusion, tout naît de l'exaltation générale du cerveau, qui s'épuise de mille manières plus ou moins honorables, en précipitant les désordres nerveux qui annoncent et, souvent, caractérisent le gâtisme. Il y a beaucoup de gâteux de vingt à quarante ans; il y a beaucoup d'hommes dont le cerveau ne peut plus rien produire parce qu'il n'a plus de phosphore : Demandez à ces hommes quel était le parfum de la femme ou des femmes qui les ont ruinés si radicalement au moral et au physique, et vous verrez que ces femmes portaient presque toujours des parfumeries de contrebande, comme celles dont nous venons de parler.

Jamais le parfum naturel de la femme ne pousse à ces excès, ni n'entraîne ces désordres.

Les amours des premières sont accompagnées et suivies de mouvements épileptiformes douloureux, pénibles, exténuants, débilitants; les amours des secondes provoquent, dans l'être sentant et pensant, toute une série de sensations différentes, aussi remarquables par leur douceur et l'ivresse calme qu'elles engendrent, que les autres le sont par leur violence et leur excitation rageuse.

Dans le cas de sacrifice aigre et agréablement douloureux, les sacrificateurs se regardent indifféremment et bêtement après l'accomplissement; dans l'autre cas, les deux amants se recherchent dans le clair-obscur de leur âme et ruminent amoureusement leur bonheur : ceux-là seuls comprennent la bêtise des hommes et l'esprit des dieux.

Mais revenons à l'action directe des odeurs sur l'encéphale, afin de bien comprendre comment le mâle s'imprègne le cerveau de parcelles odorantes de sa femelle et comment il s'en sature.

Lorsque la saturation mutuelle de l'homme et de la femme est complète, l'assimilation de leurs deux organismes est accomplie et le mariage peut en consacrer les deux âmes : l'amour est la transsubstantiation de l'esprit et du corps.

**L'indifférence, la sympathie et l'antipathie.** — Nous respirons certaines odeurs sans beaucoup les sentir, et sans qu'elles nous impressionnent agréablement ou désagréablement ; comme nous percevons le parfum de certaines femmes qui nous sont et nous seront toujours indifférentes *avant*, *pendant* ou *après*.

Nous en respirons d'autres qui nous sont désagréables et troublent nos sens : c'est la respiration de certaines femmes antipathiques à notre nature, et dont la présence nous laisse froid en amour ; mais profondément occupé de l'heure à laquelle nous allons pouvoir reprendre notre liberté. De là cette expression : *il ne peut pas la sentir !... elle ne peut pas le sentir !... je ne peux pas...* etc., etc... expression, vieille comme le monde et toujours rajeunie, qui nous a servi de thème.

Il existe d'autres femmes qui *nous prennent et nous conduisent par le nez*, avec autant d'assurance qu'une fière et belle cavale fait bondir et hennir le vigoureux étalon, qui se précipite impétueusement dans les vaporeuses et enivrantes senteurs qu'elle dégage. Elle entraîne son amant dans son atmosphère ambiante, en se sauvant devant lui, et en ricanant d'un air provocateur : elle est sûre d'être aimée.

Chaque individualité féminine amoureuse a son *terroir*, sa sympathie ou son antipathie basées, même à son insu, sur les parfums émanant des essences volatiles qui se dégagent constamment des sécrétions générales et particulières de la femme. Ces sécrétions s'harmonisent, s'atténuent, s'améliorent, se modifient et s'amplifient de mille manières différentes, sous l'influence de mille combinaisons chimico-

physiologiques et mille impressions psychologiques.

« Il est aussi bien certain, dit Cloquet, que
chaque espèce et même chaque individu répand autour de lui une odeur particulière, et
qu'il se trouve toujours comme enveloppé d'une
atmosphère de vapeurs animales sans cesse
renouvelées par le jeu de la vie. »

Le parfum des femmes offre de nombreux
contrastes qui ne sont pas moins étonnants que
ceux qui nous sont fournis par les parfums artificiels.

Pourquoi aimons-nous mieux telle femme
que telle autre ?

Pourquoi aimons-nous mieux telle odeur
que telle autre ?

**La femme respirée est aimée.** — Mais la
femme que vous aimez n'est pas jolie ! — Non,
mais elle sent bon ! Dans l'ombre elle m'enivre, et quand je la revois à la lumière, c'est
toujours au milieu des ombres légères du souvenir de mon ivresse... On ne perçoit que le
parfum de la violette, on n'en voit pas la fleur
cachée dans les ronces et les buissons ; on ne
voit pas la rose et l'héliotrope qui embaument
l'air de nos soirées d'été ; en est-on moins heu-

reux, en éprouve-t-on moins de jouissance ?

Et puis, voyons, messieurs, quand vous reposez sur le sein d'une femme aimée dont le parfum naturel embaume, y voyez-vous clair ? Demandez-vous une bougie ?... Regardez-vous cette femme adorée ?... Mais vous savez bien que non ; vous savez bien que vous fermez les yeux pour ne pas être distraits et pour mieux sentir ; comme vous provoquez le même aveuglement momentané lorsque vous plongez avidement le nez dans une rose à cent feuilles.

La femme ne sera jamais trop respectueusement, trop délicatement ni trop saintement aimée. Ne soutient-elle pas toute notre existence par sa sollicitude, son amour et son abnégation ? Sans cette bonne amie, l'aurore et le soir de la vie seraient sans secours et son midi sans plaisir.

Ne cherchons pas à nous tromper ; ne dénaturons rien. Tout ce qui est naturel est permis ; il n'y a que les antinaturels qui se cachent et qui déguisent le crime en l'enveloppant de tartuferie, en l'encadrant de longues barbes blanches ou de longues robes noires. Quant à nous, soyons nature : nous plairons aux uns, nous déplairons aux autres, qu'importe !... nous aurons fait plaisir à la Vérité, qui saura bien nous défendre toute seule contre les attaques des Basiles contemporains, des saintes prudes vicieuses ou maladives, et des acéphales.

**Les odeurs à la mode et dans la politique.** — Comme les couleurs des rubans, des robes et des chapeaux, les odeurs ont leur saison de mode.

Si nous avions le temps, nous pourrions faire de curieuses recherches et d'originales comparaisons dans le monde politique et sur les conséquences de son instabilité.

Les femmes en disent quelquefois beaucoup plus par l'ensemble de leurs toilettes, les nuances de leurs manteaux et de leurs rubans que par leurs observations verbales.

Il y a longtemps que j'ai remarqué tout le fruit qu'on pourrait tirer de l'observation sérieuse et philosophique du mobile et capricieux baromètre féminin, qui marque si fidèlement, et relativement si vite, les fluctuations de l'esprit public dans la joie et la tristesse, comme dans les domaines légers ou sérieux.

L'instabilité de nos esprits et de notre politique n'est-elle pas écrite en toutes lettres dans l'instabilité de la toilette de nos jolies mondaines ?

Marmontel a dit :

« Lorsque les partis se succèdent rapidement, la société n'est plus qu'un bal masqué. »

Étudiez les parfums, vous arriverez à la même conclusion, et vous *sentirez* la majorité mâle de l'humanité.

On ne dit déjà plus : la Brune, la Blonde, la Rousse... on dit : la Civette, la Violette, la Rose, l'Angélique et la Verveine. Il y a aussi le Cœur-de-Marie, mais il est peu recherché.

Bientôt vous aurez des Œillets, des Résédas, des Lilas et des Jasmins de toutes sortes et partout.

Faut-il en rire ou en pleurer?

Ma foi, je n'en sais rien.

Tout cela me laisse assez froid, et je trouve que nous ne sommes pas plus méchants ni plus corrompus que nos aïeux. Il y a deux remarques à faire : 1º C'est que les jouisseurs d'aujourd'hui sont beaucoup plus nombreux que les jouisseurs du temps du roi Soleil ; c'est un progrès notable, quoi qu'en disent les satisfaits et les grincheux ; 2º l'on jouit au grand jour ; c'est plus loyal et plus propre.

Les plaisirs, c'est comme la politique. Vous verrez que lorsque nous serons tout à fait habitués à traiter des intérêts de la nation aux yeux du peuple, nos députés ne craindront plus le grand jour. On ne cache que la laideur et les choses honteuses ; les criminels seuls ont peur de la vérité.

En notre modeste qualité de micrographe, nous avons pour règle invariable, de toujours étudier au microscope, avant d'en exprimer la formule morale, ces puritains et sages quakers contemporains qui battent les enfants avec les ossements de leurs pères, et qui ont l'air d'être créés et mis au monde tout exprès pour empêcher les autres de rire et d'aimer.

Pascal a dit : « L'homme n'est ni Ange ni Bête... mais quand il fait l'Ange, il fait la Bête ». Nous sommes, avec la majorité pensante, de l'avis de Pascal.

**Diversité des goûts et des préférences dans le choix des odeurs.** — L'amour est une des plus admirables contradictions apparentes de la nature.

Est-ce qu'on peut, sans frayeur, penser à l'unité de goût, l'unité de parfum, l'unité de couleur ? Est-ce que l'uniformité de la vie n'est pas déjà le commencement de la mort ? Ouvrez, à ce sujet, le livre de la vieillesse, vous qui savez y lire. Est-ce que le contraste n'engendre

pas le mouvement, source de tout progrès ?
Est-ce que le progrès n'est pas l'esprit humain
en route ?

Se figure-t-on tous les hommes identiquement
semblables au physique et au moral ? Ce serait
trop beau ou trop laid !

Se figure-t-on toutes les femmes ayant le
même parfum ? Ce serait trop délirant pour les
uns et trop attristant pour les autres, à moins
que tous les hommes soient soumis aux mêmes
lois olfactives, et, alors, dans l'obscurité, toutes
les femmes se ressembleraient : ce serait la
*cécité olfactive* en amour !

On a dit : l'amour est aveugle, et l'on a eu
raison, car lorsqu'il *sent* il ne *voit* plus... Je
vous ai déjà dit qu'il fermait les yeux.

Le parfum artificiel, recherché par le mari,
peut ne pas être celui que l'épouse préfère. De
là, ces discussions intimes entre la femme et
son tyran, la maîtresse et l'amant sur la préférence marquée de l'un, ou des deux, pour telle
ou telle eau de toilette.

Que de femmes qui éloignent leurs maris par
l'usage immodéré, ou même très réservé, de
parfums artificiels, qui, malheureusement faus-
sent et dissimulent complètement leurs parfums
naturels, cent fois plus agréables que tous ceux

qu'elles répandent inintelligemment sur leur corps.

Les parfums artificiels ne sont bons qu'à masquer les odeurs désagréables d'un corps incomplètement soigné ou affecté d'une transpiration morbide repoussante. Dans tous les autres cas, ils sont, sinon nuisibles, au moins inutiles.

*La femme qui ne sent rien* dégage un parfum naturel cent fois plus suave dans l'intimité que tous ceux qu'elle pourrait se procurer à grand prix. Celle qui commande, en amour, tient son pouvoir, non des dieux ni des parfums artificiels, mais de la puissance irrésistible de son parfum naturel. La parfumerie commerciale est pauvre; elle a des *odeurs*, mais n'a pas de *parfums*.

Aux palais ignorants et grossiers, la cuisine grossière; aux délicats, la finesse des mets. Consultez le spirituel Monselet là-dessus et vous verrez ce qu'il vous dira.

Aux nez ignorants, culottés et crottés de tabac, la parfumerie de bazar qui provoque la migraine!

Aux nez savants et experts, les parfums naturels d'un joli corps qui s'éveille après une nuit pleine d'émotions et de mystères.

Que de jouissances dont les priseurs n'ont aucune idée. Le raffinement du plus sublime des sentiments leur est inconnu. Ils ne touchent à l'amour que par les sens grossiers qui ne le transmettent qu'indirectement et brutalement au cerveau, sans leur volonté même; car c'est une sensation réflexe et non réfléchie qu'on ne peut même pas provoquer à volonté. Ils ignorent les enivrements doux et salutaires engendrés par l'atmosphère vivante et fluctuante de l'objet adoré. Ils peuvent aimer beaucoup, passionnément même; ils n'aimeront pas bien; ils n'aiment pas complètement, et, pour eux, l'amour ne sera jamais un accomplissement, dans toute l'acception du mot.

**Un exemple concluant.** — Voici un exemple grossier, bestial, brutal, mais qui prouve, une fois de plus, toute l'influence du parfum de la femme sur l'imagination et sur le sens érotique de l'homme.

Un vieux polisson, impuissant, avait une bonne qui se prêtait à ses désirs. Tout le plaisir de ce lubrique octogénaire à la retraite consistait à pratiquer des attouchements sur sa domestique et à *la respirer,* comme il disait. Toute espèce d'eau parfumée artificielle était proscrite de la toilette de cette fille, qui n'était autorisée qu'une semaine par mois à user d'eau fraîche naturelle... la respectable enfant !

Un jour, la servante voulut plaire au *gars* de ferme, plus délicat que son maître, et commit le crime abominable de faire sa toilette sans permission.

Le maître s'en aperçut immédiatement : « Ton bouquet, dit-il, n'a plus d'odeur ; tu partiras demain pour avoir enfreint mes ordres. » La pauvrette fut chassée de la ferme et n'y reparut jamais.

Que de polissons de ce genre on compte dans le monde !... et aux fauteuils d'orchestre de certains théâtres.

# CHAPITRE VIII

## ANOMALIES OSPHRÉSIOLOGIQUES.

Dans les sueurs de certaines parties du corps on constate souvent de bizarres anomalies osphrésiologiques.

Ainsi, Monin rapporte le cas suivant, cité par Barbier : « Un capitaine d'infanterie était sujet à une transpiration fétide de *la moitié du corps seulement*. Cette maladie, réfractaire à tout traitement, obligea le malade à rendre ses épaulettes. »

**L'odeur du bouquin.** — Chez quelques femmes, l'odeur des aisselles n'a rien de désagréable. Quelques-unes mêmes sentent l'ambre et la violette, quand le dessous des bras est laissé à l'air libre.

Chez d'autres, les aisselles répandent une odeur prononcée d'épaule de mouton en rut, dont les chats sont si friands qu'ils dévorent les chemises et les robes de leurs maîtresses.

**La femme qui sent le chloroforme.** — Certaines femmes, à l'approche et durant le temps de leurs règles, dit Aubert, de Lyon, sont tout à coup parfumées d'une odeur aromatique acidule ou chloroformée.

Cette odeur se manifeste presque instantanément sous les bras, lorsque la femme est à nu. C'est ce que nous appelons l'hypérhidrose axillaire. Ces femmes, généralement ardentes, grisent leurs maris qui les adorent.

Mais nous ne pouvons que répéter ici ce que nous avons déjà dit : Les troubles nerveux, chez la femme, provoquent ses parfums aussi mobiles que sa nature, aussi fins et aussi délicats que son esprit..., aussi inconstants que son caractère... Il est bien entendu que ce dernier qualificatif ne s'adresse pas aux fidèles mignonnes, et délicieuses créatures qui nous lisent... loin de nous cette pensée calomniatrice!

**Les odeurs professionnelles.** — On constate

que les mariages d'ouvriers se font le plus souvent entre deux personnes de la même profession. Il y a là une cause majeure, le parfum de la femme s'harmonisant avec celui de l'homme : le coiffeur aime les parfumeuses et le calicot recherche les employées du Louvre.

Les égoutiers, tanneurs, crémiers, bouchers, charcutiers, fondeurs de suif, etc..., se marient souvent avec les jeunes filles de leurs confrères.

Les bonnes, les servantes, épousent des domestiques ou des gens d'écurie qui sentent le cheval et le purin.

La Marseillaise respire avec volupté son mari, qui sent l'ail et l'oignon; les ouvriers en phosphore épousent presque toujours des ouvrières de la même profession qu'eux.

On nous dira peut-être : Cela tient au contact journalier de ces industriels; cela est possible, mais cela tient aussi à autre chose : au parfum de ces femmes qui plaît à leurs compagnons de travail et qui fait fuir les amoureux étrangers. Tout le monde n'adore pas l'odeur du phosphore, de l'oignon, de l'ail et de la toile écrue.

Mais, nous direz-vous, les bonnes d'enfants aiment les militaires?... Il n'y a pas que les bonnes d'enfants qui suivent le régiment!... la caserne a son parfum !


**Les odeurs administratives et l'anosmie contagieuse des Édiles de Paris.** — A côté des odeurs professionnelles nous plaçons les odeurs administratives.

Certaines contrées, et surtout certaines villes, ont leurs odeurs spéciales. Ces odeurs, sédentaires et essentiellement locales, influent considérablement sur la santé générale des populations condamnées à vivre dans cette atmosphère plus ou moins infecte et corrompue, ainsi que sur le parfum individuel de la femme, qui n'est jamais avantageusement modifié par ces voisinages suspects et anti-hygiéniques, créés par nos besoins industriels.

Aubervilliers, Pantin, Saint-Denis, Saint-Ouen, Billancourt, etc., etc...., sont des foyers permanents d'infection. On ne comprend pas l'incurie de notre administration supérieure à l'égard de ces populations si dignes d'intérêt et d'un meilleur sort.

La fraîche et coquette forêt de Saint-Germain s'apprête à nous donner un échantillon des *odeurs administratives*, et de la profondeur de l'esprit scientifique de la majorité des membres du conseil municipal de Paris.

Ces lumineux phares de la grande Ville du monde n'ayant pu empoisonner la Seine, se vengent démocratiquement en empoisonnant leurs amis de Saint-Germain et des environs.

Ils ignorent donc les premiers rudiments de l'hygiène et de la science de la vie, ces nobles édiles contemporains?

Allons, messieurs de l'hôtel de ville, encore un saut d'aveugles, et, avant dix ans, nous vous devrons l'empoisonnement général de Paris consécutif au *tout à l'égout* si cher à vos sens olfactifs.

Quand on réfléchit cinq minutes, on a peine à croire à tant d'ignorance et à tant d'indifférence ou de complaisances coupables.

*Le tout à l'égout!* mais vous n'avez donc jamais tiré aucune conséquence des inondations dernières, où l'eau sortait de vos bouches d'égout, dans vos rues, à plus de mille mètres de la Seine? Voyez-vous deux millions de litres de matières fécales jetées tous les jours dans le sous-sol de Paris, et séjournant là durant tout le temps de l'inondation? Où trouverez-vous des égoutiers assez peu soucieux de leur existence pour s'exposer, au retrait des eaux, à se faire tuer comme des mouches dans vos souterrains, où la peste sera établie en permanence?

Vous nous parlez de chasses et de lavages ; mais vous savez encore à quoi vous en tenir là-dessus : vos pissotières, lavées à grandes eaux à coup de balais, de brosses et saupoudrées de chlore, vous empoisonnent encore en été. Que seront donc vos égouts le jour où vous y projetterez vos matières ?

Et la Seine?... et ses riverains? Vous ne comptez pas cet atout dans votre jeu : c'est un détail.

Les *mirages* de Gennevilliers nous seront funestes. En affaires administratives, la prestidigitation devrait être interdite.

La forêt de Saint-Germain, bientôt transformée en un immense foyer de fièvres endémiques des plus pernicieuses, viendra vous jeter brutalement à la face, en *lettres de morts*, les preuves les plus évidentes et les plus affligeantes de votre ignorance et de votre incapacité administratives.

Les terrains de Saint-Germain ne seront pas seulement saturés, ils seront sursaturés de liquides plus ou moins riches en matières animales.

Toutes les matières, qui ne seront pas *brûlées ou assimilées* par le sol ou l'humus, seront
transformées en foyers putrides et sûrement
mortels.

Avant cinq ans d'expériences, il sera reconnu
que le système est pernicieux ;... mais les millions seront engloutis... la comédie sera jouée...
et la Ville payera.

**Les cheveux de la femme**. — La chevelure
de certaines femmes est tellement empreinte
de leur parfum, qu'on sent leur tête avec autant de plaisir qu'un bouquet. Ces privilégiées
de la nature se gardent bien de faire usage
d'odeurs fortes et surtout de pommades ou
d'huiles aromatiques. Quand les cheveux sont
ainsi parfumés, tout le système pileux jouit des
mêmes prérogatives, et l'eau pure est seule
admise pour les besoins de la toilette secrète.

Cette loi physiologique est si facile à constater par un nez instruit, que les coiffeurs s'oublient souvent au-dessus des étuves parfumées
et vivantes de leurs jolies clientes.

Ces messieurs arrivent souvent à une grande
perfection d'odorat. Beaucoup d'entre eux
peuvent dire, rien qu'en sentant une natte, si
les cheveux ont été coupés sur le vivant, ou si

la natte est composée de cheveux tombés. Le cheveu tombé perd son odeur.

De là, toute l'attention qu'une femme, agréablement parfumée par la nature, doit apporter dans le choix des crépons et des nattes qu'elle emprunte aux autres ; afin de ne pas compromettre son parfum par celui d'une inconnue, dont les senteurs pourraient ne pas plaire à l'homme aimé.

« Dans l'hystérie, et surtout dans l'hystéro-épilepsie, les cheveux prennent, au moment des crises, dit Monin, une odeur spéciale, toujours la même, qui rappelle l'odeur de l'ozone, celle de la machine électrique fonctionnant par un temps sec. »

Cette odeur d'ozone se perçoit aussi dans l'alcôve d'une femme ardente et passionnée, durant l'accomplissement de ses désirs et l'extase amoureuse qui suit.

**Les parfumeries ambulantes.** — Quand un gourmet de l'olfaction rencontre une femme transformée en parfumerie ambulante, il se rappelle tout de suite la fable de Lafontaine : « Ce bloc enfariné... » Il flaire aussi, *là-dessous*, quelque machine, et s'attend toujours à saisir un parfum naturel désagréable, parmi tous ces bouquets artificiels asphyxiants, et d'un goût plus ou moins douteux.

La femme qui abuse des parfums secs ou liquides finit par perdre le sens physique et moral des odeurs.

De là, ces parfums concentrés que portent certaines malades et qui sèment les migraines, les spasmes, les syncopes et les troubles nerveux sous leurs pas...; « mieux vaudrait y semer des fleurs blanches, » comme le disait le sceptique et polisson cardinal de Richelieu.

La plupart de ces femmes sont insupportables, tant au point de vue du parfum que du caractère. Leur esprit, narcotisé ou irrité, pense peu ou trop; bien ou mal; elles sont trop bonnes, trop tendres ou trop despotes et méchantes; ou bien, encore, nous offrent le plus agaçant spécimen des baromètres à brusques changements de température; capables de fatiguer, de lasser et d'effrayer le plus courageux, le plus intelligent ou le plus bête des hommes.

**Cas de rupture, de séparation et de divorce moral**. — Quand les époux ne se respirent pas encore avec plaisir après l'accomplissement, c'est que l'amour n'est pas satisfait dans tous ses attributs.

S'ils se tournent brusquement le dos pour ne pas sentir les parfums qui émanent de leurs corps à ce moment-là, il n'y a pas d'amour pur, il n'y a ni extase amoureuse, ni temps nébuleux de l'amour, il n'y a que la satisfaction brutale des sens qui s'émousse promptement.

On s'étonne de certaines ruptures entre deux beaux sujets pleins d'esprit, rayonnants de jeunesse et de beautés physiques. On ne songe pas aux parfums spéciaux de ces deux amoureux de passage, parfums doublement antipathiques ou antipathiques seulement pour l'un des deux. C'est un *collage,* mais ce ne sera jamais un *mariage,* malgré toute l'autorité de la loi des hommes.

**Avantages légaux et moraux de la femelle sur la femme.** — Chez tous les animaux on rencontre, tous les jours, des cas surprenants de répulsion mutuelle ou de répulsion du mâle pour la femelle, ou de la femelle pour le mâle, seulement.

Dans le coït des bêtes libres il y a consentement mutuel. La femelle des animaux a le droit de mordre, de battre et de repousser le mâle qui la poursuit, mais qui lui déplaît ou qui la dégoûte.

L'espèce humaine est moins privilégiée sous ce rapport : le *mariage imposant des devoirs à la femme*, celle-ci doit habiter et cohabiter avec son mari, tout *céder* à défaut d'obéissance et de consentement libre. Que de pauvres femmes à qui la liberté des femelles des animaux porte envie! Obliger une malheureuse créature humaine à de pareilles concessions, n'est-ce pas provoquer et perpétuer la plus ignoble démoralisation ?... la plus repoussante dégradation du plus noble sentiment universel ?... C'est la *Loi*, nous répond-on, la loi imposée par la civilisation !

O bien heureux saint Naquet!... que de femmes tu rendras à elles-mêmes, en leur rendant la dignité personnelle.

**Influence de l'âge sur le parfum de la femme.** — Nous n'avons pas besoin de dire, pour convaincre nos lecteurs, qu'il est plus agréable de sentir une rose ou un bouquet de violette entre deux pommes de rainettes fraîches de Normandie, ou d'ailleurs, qu'entre deux figues sèches du désert de Sahara.

De là cette lubricité maladive de certains vieillards qui achètent, au poids de l'or, les plus frais

tétons, pour les souiller luxurieusement de leur
bave immonde et dégoûtante : voilà un crime
de lèse-humanité, surtout si ces jolis hémisphères de Magdebourg ressemblent à ceux dont
Victor Hugo a célébré la gloire et l'amour :

> « Jeanne est née à Fougère
> « Vrai nid d'une bergère,
> « J'adore son jupon
>   « Fripon.
>
> « Amour, tu vis en elle,
> « Car c'est dans sa prunelle
> « Que tu caches ton carquois,
>   « Narquois.
>
> « Moi, je chante et j'aime,
> « Plus que Diane même,
> « Jeanne et ses durs tétons
>   « Bretons. »

Le parfum de la femme a, comme sa vie,
trois grandes phases naturelles :

1° L'heure de la puberté ;

2° L'heure du mariage ;

3° L'heure de la ménopause.

La vieillesse n'apparaît guère, chez la femme
du monde, avant l'âge de soixante ans.

A partir de quinze olympiades, la femme
n'a plus d'âge et reste toujours belle, quand
elle a l'esprit de *savoir vieillir*.

Le parfum des vieilles femmes est souvent très agréable, il rappelle l'odeur des feuilles de roses sèches, de l'iris et des fleurs fanées de tilleuls.

Quant aux jeunes filles, elles sentent presque toujours bon ; leur parfum plaît et n'éveille aucun désir charnel.

Cependant, le *Cantique des Cantiques* nous apprend que ce vieux polisson de Salomon faisait gibier de toutes pièces. Écoutons Cloquet :

« **A** l'époque de la puberté, les jeunes filles vierges répandent quelquefois, autour d'elles, un parfum que les poètes de tous les temps n'ont point manqué de célébrer, et que l'auteur du *Cantique des Cantiques* exalte avec un enthousiasme que, de nos jours, on conçoit encore, mais rarement. »

**Les polycarciques.** — Dans les cas de polycarcie on constate souvent une odeur oléagineuse très prononcée, chez les femmes, à l'approche des menstrues.

Les femmes grasses ont quelquefois conscience du dégagement de ce parfum, et l'atténuent par des bains quotidiens au son et par des toilettes locales fréquentes à l'*alcool*.

**L'alcool et le parfum de la femme.** — L'*al-cool* dissout les matières grasses et ne saurait être trop recommandé dans les soins discrets de la toilette et pour l'hygiène des cheveux, des poils et du cuir chevelu.

Nous proscrivons, sans exception aucune, toutes les huiles et tous les corps gras pour l'usage quotidien, surtout chez la femme !

Nous n'avons jamais compris la manie qu'ont certaines élégantes de se parfumer avec de l'*huile de ricin !*... Pourquoi pas de l'huile à quinquet ?... Elles auraient au moins l'espoir de rallumer les cœurs que la froideur des ans aurait éteints.

Le parfum des polycarciques est quelquefois fort agréable chez les brunes, en relevant le ton du musc ou de l'ébène, ou en atténuant, en aci-dulant l'odeur de bouquin des aisselles.

**La continence prolongée** exalte le parfum naturel de la femme; mais cette exaltation at-teint des limites considérables chez l'homme de vingt à cinquante ans qui reste chaste. Il dégage, sur ses pas, cette odeur de confession-nal et de presbytère qui a tourné la tête à tant de paroissiennes.

L'odeur caractéristique de la continence est

due, chez le mâle, à la résorption de la liqueur séminale dans le torrent circulatoire de la lymphe et du sang, ainsi qu'à l'élimination, par la surface cutanée, des principes essentiels odorants de cette liqueur si prolifique.

Dans la vieillesse, ce parfum diminue et disparaît avec l'impuissance prolongée.

**L'influence des aliments et des odeurs industriels sur le parfum naturel.** — L'influence des aliments est considérable sur les sécrétions humaines en général, et sur les sécrétions cutanées en particulier. Nous n'avons pas besoin d'insister sur l'alimentation ou trop exclusivement animale ou végétale, viandes de boucherie, de basse-cour et gibier; choux, asperges, artichauts cuits, fruits variés et verts, fraises, framboises, groseilles, etc., qui communiquent aux sécrétions, par l'intermédiaire du chyle et du sang, les odeurs les plus variées. Les truffes transmettent leur odeur à la sueur. Il en est de même chez les personnes qui respirent constamment des principes odorants, et vivent au milieu d'atmosphères spéciales : peintres, parfumeurs, bronzeurs, etc.

Les ouvriers de fabrique se reconnaissent à

l'odeur qu'ils répandent sur leur passage. Ceux qui travaillent dans les manufactures de tabac sont peut-être les plus intoxiqués : les femmes enceintes avortent souvent; le fœtus est empoisonné par les eaux de l'amnios qui sont fortement imprégnées de l'odeur du tabac.

Voilà un cas d'hygiène industrielle qui n'a jamais préoccupé les gouvernements : la sélection humaine fait des ravages considérables dans les domaines du pauvre, grâce à l'ignorance et à la coupable incurie de nos classes dites dirigeantes, mais qui ne dirigent rien du tout faute de plan, de boussole et d'étude.

Notre confrère, le Dr Reymond, d'Iverdon, nous disait, lors de nos excursions hygiéniques en Suisse : « Ces Gransons que les Suisses fument avec tant de délices, coûtent la vie à des légions d'enfants, et détruisent la santé des femmes les plus robustes, qui travaillent dans ces manufactures de cadavres vivants. »

On peut en dire autant de toutes nos manufactures et succursales de tabacs; en commençant par Dieppe.

Tombe, ravageur indigent, tombe sous les effets pernicieux de la nicotine, qui te plonge dans l'impuissance et le marasme; meurs douloureusement pour ceux que tes souffrances

sont jouir, en les empoisonnant, et en les ré-
duisant à l'impuissance comme toi.

**Les femmes qui se grisent et qui tuent.** —
Les femmes qui se grisent avec de l'alcool, de
l'absinthe, de la chartreuse, de l'anisette, du
kummel, du *chloroforme,* de l'*éther,* etc..., par-
fument leurs tissus de l'odeur plus ou moins
recherchée de ces liqueurs.

Le *chloroforme* et l'*éther* sont en train de
faire une concurrence sérieuse aux liqueurs
alcooliques.

La prodigieuse vaporisation de ces deux
derniers produits permet aux femmes dont
les nerfs sont pervertis de se narcotiser et de
se griser à volonté. L'abus de ces substances
dangereuses est pernicieux à tous les points
de vue des sens, de l'esprit, du moral et du physique.

L'usage même de ces liqueurs volatiles transforme en quelques mois la nature de la femme.

Souvent, à la dépravation des nerfs, succède
la dépravation des mœurs, qui jette la femme
dans un tourbillon de passions toujours renouvelées et jamais assouvies. Ce n'est plus une
créature humaine, c'est un paquet de nerfs désordonnés; c'est une gymnote excentrique,

aux décharges électriques les plus dangereuses et les plus pernicieuses.

Ou ces femmes inspirent une répulsion instinctive, une frayeur inconsciente, mais insurmontable, qui préserve la victime de leurs fatales caresses; ou bien, elles sont l'objet de désirs incessants, de passions violentes, d'attractions irrésistibles qui tuent tous les hommes qui s'enivrent de leurs parfums de contrebande, énervants, subtils et dangereux.

L'alcôve de ces femmes pneumatiques est plus redoutable que l'atmosphère vénéneuse du grand Mancenillier des Amériques équatoriales.

**L'influence des médicaments sur les parfums naturels.** — Reister assure que l'usage de l'huile de foie de morue donne à la sueur l'odeur de conserves de sardines.

Monin a noté l'apparition de sueurs axillaires très fétides chez une dame qui prenait de la liqueur de Fowler (préparation arsenicale).

La fétidité de ces sueurs disparut peu après la cessation du traitement arsenical réclamée par la malade.

Le sulfate de potasse pris à l'intérieur,

donne à la sueur l'odeur hydrosulfurée. Le phosphure de zinc donne des sueurs alliacées, etc., etc...

Dans l'alcoolisme aigu, la sueur offre souvent l'odeur aldéhydique, odeur des plus utiles au diagnostic, dit Monin, parce qu'elle différencie, d'avec l'apoplexie, la forme comateuse de l'ivresse.

La constipation opiniâtre donne à la peau une odeur fécaloïde prononcée. On a vu même, dans certains cas, cette odeur perçue par les malades qui en prenaient tant de tristesse qu'ils tombaient dans l'hypocondrie, noire et stupide affection qui guette toujours ce genre de malades. La rétention d'urine communique aux sécrétions générales une odeur de souris.

Dans nos hôpitaux, jamais on ne se trompe à l'odeur des salles.

Les salles de femmes et d'enfants sentent l'acide butyrique; tandis que les salles d'hommes ont une odeur alcaline, ammoniacale.

La sécrétion cutanée des goutteux sent le petit-lait.

Toutes les maladies ont leur odeur spéciale, ainsi qu'on peut le voir dans le livre de Monin.

Ici nous n'avons à nous occuper que du parfum de la femme saine et bien portante.

L'essence de térébenthine inspirée communique aux sueurs, et à l'urine surtout, une odeur très prononcée de violette, comme on a pu s'en apercevoir quelques minutes après avoir senti la peinture fraîche, ou séjourné dans un appartement nouvellement peint.

# CHAPITRE IX

## FALSIFICATION DES ALIMENTS

Lorsque les aliments sont de mauvaise qualité, ils corrompent et empoisonnent le sang
au lieu de le vivifier et de le parfumer.

Nous avons, à ce sujet, multiplié les expériences sur les animaux. Les tissus vivants
s'imprègnent très rapidement des aromes tenus en réserve par les aliments végétaux ou
animaux.

Malheureusement, l'on n'attache pas assez
d'importance à ces questions primordiales de
la vie... à laquelle on ne pense que lorsqu'elle
est menacée... Et puis, c'est si commun, la
vie, tous les animaux en ont une !... Aussi,
l'industrie et le commerce ne comptent plus
avec celle des hommes : c'est un facteur

négligé. Le commerçant ne respecte plus
rien ; il semble n'avoir qu'un but : s'enrichir le
plus promptement possible, n'importe comment
et par quels moyens. L'élasticité de la conscience marchande se mesure à l'aune de la
gendarmerie, et l'on torture le texte de la loi
pour en faire son complice et ne pas aller en
prison.

Rien n'est respecté ; les matières alimentaires subissent les *us et coutumes* du temps.

**Falsification du lait.** — Le lait est corrompu, on le travaille si bien qu'on fait du lait
sans lait, avec de la cervelle de mouton et cent
autres produits plus dégoûtants et moins inof-
fensifs.

Dans le but d'assurer sa conservation, on
l'additionne de *carbonate de soude* ou de *bo-
rate de soude* (borax). Le premier de ces sels
rend le lait très laxatif pour certaines personnes. Cette particularité peut entraîner de
sérieux inconvénients chez les malades qu'on
soumet au régime lacté, dans le but de rafraî-
chir ou de guérir le tube digestif. On a vu cet
aliment produire des effets désastreux dans
les cas de bronchites chroniques avec inflammation intestinale.

Les classes de nos poisons culinaires sont nombreuses, mais beaucoup plus nombreuses encore sont les classes de nos empoisonneurs.

**Falsification du pain**. — Vous croyez manger du pain de froment, vous mangez du pain de seigle, quelquefois ergoté, qui trouble plus ou moins vos digestions, provoque des indigestions et délabre votre santé générale.

Vous croyez nourrir vos enfants avec la fine fleur d'une belle et fraîche farine de froment, qui est la plus nourrissante, vous leur donnez des constipations ou des diarrhées opiniâtres avec de la farine de graine de vesce (*vicia sativa*, variété *leucosperma*) qu'on appelle *Revalenta arabica* ou *Revalescière*, prétendue farine de santé si bruyamment annoncée.

**Falsification du sagou**. — Votre *sagou de palmier* est fabriqué avec des produits de l'élaboration indigène des pommes de terre.

**Falsification du café**. — Vous aimez le bon café, vous ne voulez pas être trompé, vous l'achetez en *grain* pour vous soustraire à la fraude. Allons donc!... On vous vend des grains merveilleusement imités avec de la pâte :

c'est du café artificiel fabriqué en grand à Prague, à Vienne et ailleurs en vue de la falsification du bon café.

Ce café artificiel se compose de farine de gland et de farine de blé, légèrement grillées, dont on fait une pâte qu'on presse dans des moules en forme de grains de café, et qu'on passe quelquefois à la mélasse brûlée pour les noircir et les vernir afin d'en mieux dissimuler la fraude ; on recouvre même quelquefois ces grains d'une solution alcoolique de résine ; il est souvent *tout sucré ! (Conseil de salubrité de la ville de Vienne, 1867.)* Mais où les honorables marchands se distinguent, c'est dans le commerce du café moulu, dont les falsifications ne peuvent plus s'énumérer.

On emploie pour ce noble usage :

1º Les succédanés de café, c'est-à-dire des parties de plantes de toute nature, que l'on soumet au grillage et qui, sauf la couleur et un certain goût de brûlé, n'ont rien de commun avec le café : café de chicorée (racines grillées de la chicorée); café d'amandes; café d'orge; café de glands; café de figues, etc., etc.

En Allemagne on emploie même les racines grillées de carottes et de betteraves dans la fabrication du *café-chicorée* : ces bons et honnêtes Allemands !

Les autres cafés ne sont que le résultat de grains variés de céréales (ou de racines les plus diverses) brûlés et pulvérisés : farine grillée de froment, de pois, de haricots, de fèves, de lentilles, de fécule de pommes de terre, de *marc de café* et mille autres choses plus ou moins saines et ragoûtantes.

Cherchez l'arome !

L'étude microscopique seule peut nous préserver de ces empoisonnements et de ces malpropretés de la gent commerciale... du *commerce libre*... Ah ! la belle institution que le commerce libre !... chez des peuples ignorants.

Voilà pour le café, mais le *thé* !

**Falsification du thé.** — Les Chinois commencent à nous vendre du *thé-lie*. Ils envoient en Europe une quantité prodigieuse de thé préparé, fabriqué avec la poussière des caisses à thé, au moyen de gomme et de matières colorantes : c'est le *thé-menteur* des fils du Céleste-Empire.

Les mélanges d'espèces chères sont surtout falsifiés par l'addition de thés inférieurs : le thé

Péko, si recherché, et si *rare*, quoique si *commun*, est mélangé à des qualités inférieures de thé Congo et de thé Souchong ; même avec le thé Bohéa (Thebou), le plus commun des thés noirs.

Notre *thé royal* ou *thé impérial* n'est ordinairement qu'une qualité supérieure de Gunpowder, ou thé poudre-à-canon.

Puis, arrivent les falsifications très simples et très nombreuses qui consistent à remettre en circulation *des feuilles de thé ayant déjà servi...* Oui, ayant déjà servi ! Cette industrie, de l'honnête Albion, nous rappelle ce cri du Gavroche, vendant des sucres d'orge dans nos théâtres parisiens : « A qui *lencore cette* énorme *obélisse* qui n'a point *lencore tété sucée ?* »

Les Anglais sont plus commerçants que nos gamins de Paris, ils vendent des feuilles de thé qui ont déjà été *sucées*.

Dans l'année 1843, subsistaient, à Londres seulement, huit fabriques qui s'occupaient exclusivement de cette *noble* industrie frauduleuse.

Le thé ayant servi était acheté en masse, à vil prix, dans les hôtelleries, les cafés et autres lieux de grande consommation, désignés dans la *Pall Mall Gazette* du jour.

Ces fabriques le préparaient ensuite si habilement, que le produit livré ressemblait, à s'y tromper, au thé de première main, tant les pudiques Anglais ont de talent pour la *réparation* de la virginité.

D'après un renseignement de Mayhew, dit Vogl, le commerce de détail de Londres ne doit pas annuellement vendre aux classes pauvres de la population moins de 39,000 kilogrammes de feuilles de thé ayant déjà servi.

D'après le *Times*, on introduit, à Londres, de grandes quantités de thé qui se compose de feuilles séchées ayant déjà servi, à moitié pourries, et qui ont été ramassées dans les tas d'ordures des plus sales coins de Shang-haï. Et l'on s'étonne, après cela, que ces dévots boyards aient les goûts dépravés!

Dernièrement, on a dû vendre aux enchères rien moins que 6,500,000 kilogrammes de thé de cette sorte.

On falsifie encore le thé avec des feuilles d'autres plantes : feuilles de rosier, de prunier, de fraisier ou de frêne. En Russie, on se sert, pour cette branche *commerciale*, des feuilles du laurier de Saint-Antoine : c'est le thé d'épilobe. Toutes ces feuilles sont arrosées avec de l'eau bouillante, pour leur ôter leur couleur verte qui passe au brun par la décomposition de la chlorophylle (partie colorante de la feuille). Ensuite, elles sont coupées en morceaux, roulées et promptement séchées : l'inspection des nervures de la feuille peut faire découvrir la fraude.

**Falsification du chocolat.** — Pour le chocolat, au lieu de cacao, on nous fait manger des farines de froment, de maïs, de pois, de lentilles, de pommes de terre, quelquefois de son d'amandes ou de la farine de gland : ces mélanges peuvent être reconnus au premier coup d'œil à l'aide du microscope... Si, encore, ils étaient de bonne qualité !

**Falsification du clou de girofle, et des poivre, piment, gingembre, etc.** — Le clou de girofle se fabrique avec de la poudre de clous de girofle moulus et de la farine de blé ou de gland, des tourteaux d'huile de navette râpés, du son d'amandes, de la croûte de pain, du biscuit et même de la *farine de brique.*

Les mêmes produits servent à la falsification du poivre noir ou du poivre blanc. On sait que ce dernier s'obtient par la macération de grains de poivre noir, durant deux semaines, dans l'eau de mer ou l'eau de chaux ; on les sèche au soleil et on les décortique en les frottant avec la main. Il en est de même pour le piment moulu, le poivre, ou piment d'Espagne, et le gingembre...

. . . . . . . . . . . . . . . . . . . . . . . .

Nous n'en finirions pas si nous voulions énumérer toutes les fraudes du commerce.

Mais, me dira-t-on, que fait la Commission d'hygiène ?... Nous promettons le plus joli des lapins blancs du monde à celui ou à celle qui nous l'apprendra.

# CHAPITRE X

### DISTRIBUTION DU PARFUM DE LA FEMME ET PERVERSION DU SENS OLFACTIF

**Les femmes qui sentent le musc.** — Certaines femmes, très recherchées, ont la passion du musc.

Cette odeur plaît à beaucoup d'amoureux; elle réveille l'*attention* olfactive; mais ne fixe pas ses conquêtes.

La clientèle de ce parfum est infidèle et volage, peu délicate dans ses amours et recherche les scandales.

L'amour vrai et durable ne se rencontre pas chez les chevaliers du musc, ni chez leurs Dulcinées, qui simulent souvent des attaques nerveuses dont les effets morbides leur sont absolument inconnus.

Le musc provoque la syncope avec tout son cortège d'accidents et d'ennuis chez certaines personnes.

**Les femmes qui sentent l'ambre.** — L'odeur de l'ambre gris produit aussi ces indispositions chez quelques autres, mais plus rarement.

Lorsque les odeurs du musc ou de l'ambre sont *naturelles*, on n'a rien à craindre de leurs effets. Nous entendons, ici, par *naturelles*, des odeurs émanant directement des personnes.

Il n'est pas rare d'en rencontrer qui répandent une forte odeur de musc autour d'elles. Nous en avons connu dont le corps parfumait, en moins d'une heure, le bain dans lequel il était plongé.

Les femmes qui sentent l'ambre sont beaucoup moins rares et beaucoup plus recherchées.

Elles sont, aussi, aimées beaucoup plus longtemps.

Cela prouve qu'il y a plus d'hommes qui aiment l'odeur de l'ambre que l'odeur du musc.

Les blondes pures et cendrées dégagent sur-

tout ce parfum d'ambre si délicieux. Quelques-
unes y ajoutent des fumées légères d'encens
qui ne trompent pas un nez exercé, mais qui
complètent l'illusion et suffisent aux profanes
de l'olfaction.

**Les femmes qui sentent la violette.** —
Les cheveux châtains dégagent aussi l'ambre,
et, de plus, les femmes de cette couleur qui ont
la peau très blanche, exhalent une odeur douce
de violette par la plupart de toutes les glandes
sébacées. Quand elles ont chaud, leur transpiration légère embaume, on les respire avec
délices; et les coquettes, qui le savent bien...
se... laissent respirer sans avoir l'air de se
douter des ravages qu'elles font dans les cerveaux qui s'assimilent leurs molécules parfumées.

**Les femmes qui sentent l'ébène.** — L'o-
deur de l'ébène, surtout chez les brunes qui
ont la peau très blanche, est aussi très recherchée. Elle se confond souvent, à certaines épo-
ques du mois, avec une odeur légère de musc
qui n'est pas désagréable.

La diversité du parfum révèle la diversité

des goûts; et la diversité des goûts classe et utilise tous les parfums.

**Classement des amoureux par le sens olfactif.** — Les amoureux peuvent se classer, au point de vue de la fidélité, d'après leur préférence marquée pour telle ou telle odeur.

Il est bien entendu, ici, que nous ne parlons que des odeurs naturelles de la femme soigneuse de sa personne, et soignée.

Ceux qui aiment la violette et l'ambre sont plus tendres et plus longtemps amoureux.

C'est pourquoi les blondes pures et les blondes cendrées, plus ou moins foncées, retiennent toujours leurs amants beaucoupplus de temps que les brunes.

Ceux qui aiment ces dernières, c'est-à-dire les femmes parfumées d'ébène, ou de musc, sont généralement pris d'une passion plus violente, plus démonstrative, plus despotique; mais moins profonde, moins fondante et moins durable.

La brune ne fond généralement pas en amour, comme la blonde; elle *cuit...* et se conserve plus longtemps. Quand elle est jalouse, elle devient dangereuse, parce qu'elle devient méchante; la blonde, au contraire, souffre plus et pardonne davantage ; elle a plus d'abnégation.

Une blonde aime son amant pour lui-même ; la brune l'aime pour elle.

Il y a des exceptions ; mais les lois générales sont immuables.

De là, ce sentiment de reconnaissance durable, presque aussi profond que l'amour et peut-être aussi doux, qu'inspirent toujours à leurs amants, les blondes qui ont aimé.

L'héroïne du *Lac* de Lamartine était blonde ; Agnès Sorel, Diane de Poitiers et M<sup>me</sup> de Maintenon, qui furent tant aimées, sentaient l'ambre et la violette.

Certaines femmes, qui tournent la tête de quelques hommes, dégagent des parfums tout spéciaux qui ne sont appréciés et même reconnus que par de rares individualités.

D'autres, qui sont sincèrement aimées de leurs amants qu'elles trompent, recherchent des hommes qu'elles ne parviennent pas à fixer, quoi qu'elles fassent. Cela tient à ce que le parfum de ces femmes n'est sympathique et voluptueux que *sur place*, et pour un très petit nombre d'amoureux.

Nous n'étudions, ici, que la science des parfums proprement dits, c'est-à-dire des odeurs qui sont plus ou moins agréables aux uns ou aux autres, et non ces odeurs que la majorité fuit et qualifie de nauséabondes.

**Les femmes qui sentent l'huile de ricin.** — Aucune femme ne dégage l'odeur de l'*Assafœtida*. Quelques-unes s'imprègnent d'huile de ricin, sous prétexte de lustrer leur chevelure et leurs poils des régions axillaires et naturelles. Ces malheureuses ne songent pas que cette odeur, à laquelle elles s'habituent très vite, tue les mouches les plus intrépides à quinze mètres, et provoque, chez les cœurs les plus tendres et les plus ardents, un sentiment de *respect* trop respectueux.

**Perversion du sens olfactif.** — Schneider, pas l'adorable artiste, au parfum si enivrant; mais l'auteur *De esse cribif,* a connu une femme qui, aimant les autres odeurs, se trouvait mal en respirant celle des fleurs d'oranger; nous avons personnellement connu un étudiant de nos amis qui était dans ce cas-là, nous l'appelions le *Rosier de Nanterre,* par ironie.

**L'aversion d'une ou de plusieurs odeurs.**

— Une jeune personne devenait *aphone* lorsqu'on lui mettait sous le nez un bouquet de fleurs odorantes.

Cet exemple, pris dans le journal de physique, année 1780, prouve l'aversion de certaines personnes pour toutes les odeurs en général. C'est le cas le plus rare, il se rattache aux cas de perversion du sens olfactif. Généralement l'antipathie n'est marquée que pour une ou plusieurs odeurs seulement.

Quand une femme supprime toute espèce d'odeur artificielle autour d'elle, c'est qu'elle est elle-même sans odeur appréciable des profanes; mais cette femme-là dégage sûrement le parfum le plus suave et le plus enivrant pour les gourmets de l'olfaction.

La femme a, pour plaire, le sens instinctif beaucoup plus développé que l'homme; elle a aussi beaucoup de tact.

Le tact est une qualité tout à fait spéciale, qui est et sera toujours du domaine exclusif des intelligents et des délicats, qu'il ne faut pas confondre avec les *malins,* qui ne sont pas délicats du tout, même étant relativement intelligents, à moins que leurs intérêts, leur égoïsme profond et leur sauvage amour-propre soient en jeu... et encore!...

Avez-vous quelquefois observé le caractère et la conduite de ces gens qui s'honorent du titre de *malins*? Avez-vous eu l'occasion de les voir exposer leurs batteries grossières qu'ils s'efforcent de dissimuler? (car le *malin*, c'est le jésuite à l'état brut), les avez-vous suivis dans leurs raisonnements amphibologiques et leurs grosses malices cousues de *fil blanc?*

Ces piètres hères parviennent souvent à tromper d'honnêtes gens cent fois plus intelligents qu'eux, et cela se comprend.

Ces ruses de paysan, quoique visibles, répugnent à l'homme délicat, qui préfère laisser croire à un menteur qu'il est sa dupe, plutôt que de se servir de ses armes déloyales et malsaines ou de s'en faire un ennemi mortel ; car ces *malins*, qui sont toujours d'une susceptibilité et d'un orgueil maladifs, résultat forcé de leur esprit court et borné, sont très méchants et très rancuniers.

Quand ils ont mis quelqu'un *dedans*, comme ils disent, ils s'en vantent ; on le sait et on ne les en méprise que davantage. Il est vrai que cela les touche peu, se croyant, à eux seuls, l'esprit de tous les autres, et seuls prodiges de la création.

Rien n'est plus écœurant que d'écouter un

menteur qu'on a l'air de croire; on éprouve un état de gêne aussi douloureux que celui que subissait la parente de Scaliger, qui tombait en syncope en flairant un lis, et qui était convaincue qu'elle succomberait bientôt si elle était contrainte d'en sentir l'odeur. Aussi fuyait-elle cette fleur, sans comparaison dans l'intérêt de la fleur, comme nous fuyons les *malins*.

Il n'y a pas que les femmes qui sont incommodées des odeurs. Rob. Boyle cite un homme fort et robuste à qui l'odeur du café à l'eau donnait des nausées.

Nous en avons personnellement connu un qui éprouvait les mêmes symptômes à l'odeur du café brûlé ou moulu; et nous en connaissons un autre qui a des accès de vertige et de syncope à l'odeur du géranium.

Orfila et Cloquet (dans un *Traité d'osphrésiologie, osphresiologia*, de ὄσφρησις, odorat, λόγος, discours) parlent de personnes qui ne pouvaient sentir l'odeur d'une décoction de graine de lin sans éprouver bientôt à la face une tuméfaction suivie de syncope, etc., etc.

On pourrait multiplier ces exemples qui dépendent de l'idiosyncrasie des individus (*idiosyncrasia,* de ἴδιος, propre, σύν, avec, et κρᾶσις, tempérament). Disposition qui fait que chaque individu a une susceptibilité particulière, une manière à lui propre d'être influencé par divers agents capables d'impressionner d'une façon quelconque nos organes.

La nature, en multipliant à l'infini les parfums agréables de la femme, nous a créé une source abondante de plaisirs et de sensations voluptueuses que, parfois, l'habitude convertit en besoins.

Qui n'a pas éprouvé le besoin de sentir sa maîtresse et de respirer son atmosphère sans aucune autre pensée, sans aucun autre désir ?

Tenons toujours bien compte de la signification des mots parfums et odeurs, qui s'appliquent d'une façon générale à tous les parfums se dégageant du corps de la femme, et non pas seulement à ceux de quelques régions du corps ; nous ajoutons que nous écrivons pour des lecteurs et des lectrices qui estiment assez la science et les hommes qui la cultivent, pour ne voir, dans notre étude en famille, que ce que nous disons, que ce qui est permis d'être dit, et qu'il n'est pas permis d'ignorer. Nous avons dit, dans une note préliminaire, et nous le répétons avec intention : « L'homme qui comprend l'amour tel qu'il doit être compris, et qui place au plus haut degré d'estime les gens qui s'aiment dans toute l'acception du mot, celui-là ne torturera pas son esprit pour lire entre nos lignes ce que nous n'avons pas pensé, c'est-à-dire ce qui ne relève que du domaine des polissons dégradés qui déshonorent la nature dans son œuvre la plus sublime, la plus sainte, la plus respectable, la plus attrayante et la plus unanimement accueillie, glorifiée et chantée par les anges-démons de la création naturelle. »

L'olfaction a provoqué des passions sublimes et durables, respectables et respectées.

Rien n'est méprisable, rien ne salit l'homme, dans la nature, quand la vérité préside aux phénomènes de la vie; le mensonge, seul, a pour cortège la corruption et le vice.

Que de consolations ne trouve-t-on pas dans le souvenir du parfum de celle que nous avons aimée! Que de douces sensations n'éprouvons-nous pas en respirant la lettre d'une compagne exilée qui nous apporte toute une vie de souvenirs amoureux dans ses plis cachetés! Avec quelle ivresse nous respirons l'air d'une chambre et d'une alcôve encore chaudes des émanations de celle que nous aimons à pleins bords! Quel bonheur peut égaler celui qu'éprouvent deux êtres intelligents, dont les âmes se fusionnent constamment dans le creuset parfumé de l'olfaction !

L'homme ne peut vivre sans amour ; le contraire est un mensonge odieux ou une monstruosité. Quand la femme qu'il doit aimer ne se trouve pas sur son passage, il se crée d'autres affections passagères qui engendrent des dérivatifs. C'est ainsi qu'on a vu l'amour de la patrie déborder d'un esprit et d'un cœur qui n'avaient jamais aimé.

Qu'un pareil homme soit exilé, qu'un despote quelconque vienne le jeter à mille lieues de son pays ; qui lui rappellera le plus puissamment la patrie absente, qui ravivera ses souvenirs avec le plus d'ardeur ?... une parcelle odorante, un parfum quelconque ayant quelque similitude avec les essences volatiles qu'il a respirées autrefois.

Qui nous rappelle avec le plus de fidélité les minutes heureuses de notre enfance et de notre jeunesse ?... le parfum d'une fleur appartenant à la flore de notre village ; une odeur de mousse, de feuilles mortes, de foins verts ou fanés, d'écurie ou d'étables même... Et que de souvenirs, alors ; que de larmes de joie ou de douleur ils provoquent, que d'êtres aimés et perdus ils rappellent !... Que de souffrances ou que de jouissances nous éprouvons dans un soupir !

C'est ainsi qu'on voit les créoles, douces et aimantes natures, s'étioler dans la rêverie et les larmes au souvenir des Antilles et des odeurs de la mère patrie. Ces chères créatures ne peuvent renoncer aux enivrantes émanations de l'air natal ; parents, amis, époux, enfants même ne peuvent effacer ces souvenirs. Elles n'éprouvent véritablement un moment de bonheur factice que lorsqu'elles peuvent s'entourer de parfums qui, dans chaque inspiration, leur apportent une jouissance que l'espérance prolonge et amplifie.

Elles sont généralement prises de nostalgie ou, mieux encore, de *philopadridalgie*, dont les conséquences peuvent être funestes.

Le souvenir des yeux, des oreilles, du goût même n'agit pas sur leur organisation sensible avec autant de puissance que le sens olfactif, que nous considérons comme la plus puissante de toutes nos facultés de relation, si ce n'est la plus directement utile.

On nous dira : L'imagination intervient pour beaucoup dans tous les effets attributifs et distributifs du sens de l'olfaction.

Nous savons cela, et nous tenons un compte

rigoureux de toutes les divagations de la *folle du logis*.

Mais peut-on, systématiquement, contredire l'évidence? Peut-on nier que certains parfums enivrent? Pour cela, il ne faudrait jamais être entré dans le boudoir d'une jolie femme. Qui n'a pas reconnu que certains parfums, surtout ceux qui se dégagent de deux hémisphères vivants, augmentent considérablement le penchant aux plaisirs sexuels?

Les poètes ont dit : La saison des fleurs est aussi la saison des amours.

Fontanes écrivait :

« O fleurs!
« L'amour, dont vos parfums enflamment le délire,
« Souvent, par vos bosquets, étendit son empire. »

Nous sommes de l'avis des poètes. Voyons, *gentilles dames*, permettez-moi de vous faire une question : N'avez-vous pas, *quelquefois, très peu de fois* si vous voulez, cachottières adorables, n'avez-vous pas éprouvé... ce que les anges doivent éprouver là-haut, quand l'encens monte aux cieux?...

N'avez-vous pas constaté, le lendemain, que vous aviez été beaucoup plus tendres et

moins cruelles la veille que les autres jours?...
N'avez-vous pas... oh! non, il y a trop de
monde!... Mais, enfin n'avez-vous pas compris et ressenti plus ou moins voluptueusement
tout cela, à la senteur des fleurs et des om-
brages odorants de vos jardins.

Que de malicieuses coquettes n'ont pas été
soudainement prises d'une névralgie quelconque arrivée là tout exprès, comme prétexte
fort utile et fort éloquent dans son silence, pour
faire dire à l'amant ou à l'époux aimé :

« C'est peut-être la fraîcheur de la nuit ou
la senteur des fleurs qui t'incommode, ma ché-
rie ; si tu rentrais?... — Je le veux bien, mon
ami, répondiez-vous aussitôt, en vous appuyant
la tête sur une épaule que vous paralysiez jusqu'à votre chambrette où régnait un clair-obscur à rendre fou le plus fier des Rembrandt.

Oui, divines enchanteresses, vos parfums
ont le privilège presque exclusif de nous étour-
dir, de troubler tous nos sens, en général, en
provoquant chez vos *maîtres* qui vous com-
mandent en vous obéissant, les idées les plus
agréablement voluptueuses, et de porter dans
leurs âmes la plus douce ivresse, la plus indi-
cible langueur.

**Réveil des idées érotiques.** — Voici, à ce sujet, ce que dit un des physiologistes contemporains les plus éminents, le professeur Longet :

« L'odorat intervient dans l'éveil du désir
« vénérien chez quelques personnes. Il est des
« hommes qui trouvent, dans l'influence exer-
« cée par l'odeur de la vulve sur la pituitaire, le
« principe de dispositions très érotiques. L'o-
« deur de l'homme lui-même réveille, chez quel-
« ques femmes ardentes, le besoin du plaisir. Le
« souvenir et l'imagination doivent avoir ici
« une grande part : n'en est-il pas ainsi pour
« l'impression, si vive, que produit, surtout
« dans la jeunesse, l'atmosphère exhalée de
« certaines femmes, et que la volupté ressaisit
« même dans les vêtements qu'elles ont quittés ?

« Chez les animaux, la liaison entre les fonc-
« tions olfactive et génitale est aussi incontes-
« table qu'elle est intime. A l'époque du rut,
« les individus d'une même espèce devaient se
« rechercher mutuellement; il leur fallait donc
« un moyen de se diriger les uns vers les au-
« tres, un moyen d'excitation, et la nature a
« pris le soin de faire exhaler, vers cette épo-
« que, une odeur forte et spéciale aux organes
« sexuels de la plupart. Rien, en effet, ne pou-

« vait leur servir que ces émanations entraînées
« au loin par les courants atmosphériques ».

Il est bien entendu que l'odeur de la vulve,
dont parle Longet, est l'odeur propre du liquide spécial sécrété par les *régions glandu-
laires* de cet organe, et que les odeurs plus ou
moins désagréables engendrées par la malpropreté dans laquelle serait tenu cet organe
n'ont rien de commun avec le parfum animal
dont nous nous occupons.

Les animaux, les chiennes, par exemple, se
nettoient surtout à l'époque du rut. Les chiennes malpropres ont peu ou point d'amoureux
à l'exception de quelques individus dont le
sens olfactif est dépravé, comme on en rencontre très fréquemment dans l'espèce humaine.

Certaines femmes ardentes, et douées d'une
imagination vive, sont généralement très par-
fumées. La température de leur corps augmente presque instantanément de un à deux
degrés centigrades sous l'attaque masculine.
Cette augmentation de chaleur provoque un
dégagement considérable de vapeurs odorantes
qui enveloppent les amants dans une atmosphère parfumée qui complète leur ivresse, en

soudant leurs affections et leurs âmes : Ces femmes-là sont sûres d'être aimées.

Il y en a d'autres, souvent plus jolies aux yeux, qu'on regarde, qu'on admire même et, que, pourtant, on ne recherche pas, on ne sent pas... on n'aime pas. Elles fatiguent et replongent dans le champ de la monotonie.

De là, ces accouplements, que le vulgaire ignorant ne comprend pas, entre un de ceux qu'on est convenu d'appeler *beaux garçons*; (car rien n'est plus laid qu'un homme qui se croit beau) et une femme dont le visage et même le corps n'ont rien de scolastiquement plastique.

Cette femme, vaincue, aujourd'hui, dans une première rencontre, par une plus belle qu'elle, triomphera, demain, des plus jolies, grâce à la puissance vertigineuse qu'elle exercera par son parfum. Elle magnétisera l'atmosphère.

Souvent, c'est le même *beau garçon* qui l'a négligeait le matin qui sera fou d'elle le soir. Et toutes les autres femmes, jalouses, de s'écrier :

Qu'a t-elle donc de particulier, celle-là, avec sa tête par-ci, ses épaules par-là?

Elle a... qu'elle sent bon au nez des hom-

mes! voilà ce qu'elle a! Et cette qualité, avec
de l'esprit, suffit, à la femme qui aime la société des hommes et qui aime l'homme, pour
l'emporter, en amour, sur ses rivales moins
aromatisées qu'elles. Le talent, chez la femme
de goût, ne consiste pas seulement à savoir
choisir les parfums les plus fins; il consiste,
surtout, à savoir user de celui qui amplifie,
sans le dénaturer, en aucune façon, le parfum naturel qui lui est propre : Il y a là un
secret difficile à divulguer tout haut; mais il
suffit d'attirer votre attention de ce côté pour
vous faire triompher de toutes les difficultés
qu'il comporte. Si la femme sait tant de choses,
c'est parce qu'elle devine tout ce qu'on lui
cache.

Céline Montaland, si belle et si dangereuse-
ment parfumée, n'a-t-elle pas toujours été une
des femmes les plus sérieusement et les plus
légitimement aimées?

Les animaux ne se parlent jamais, et, pourtant, ils savent bien marquer leurs préférences :
ne se battent-ils pas à mort, comme nous,
pour conserver leur favorite?

La pituitaire nasale est le laboratoire puissant où s'élaborent les parcelles vivantes déta-
chées de l'être aimé, qui doivent être directe-

ment assimilées à l'organisme tout entier, par l'intermédiaire du cerveau.

Le mariage le plus pur qui se puisse contracter entre l'homme et la femme, est celui qui s'engendre par l'olfaction et se sanctionne par l'assimilation commune, dans l'encéphale, des molécules animées provenant de la sécrétion et de l'évaporation de deux corps en contact et qui sympathisent.

Les enivrements des confesseurs et des pénitentes n'ont pas d'autres causes.

Les parfums des vierges, à tous les âges de l'Église, ont toujours grisé les prêtres et prouvé l'immoralité du confessionnal, tant pour la jeunesse qui désire, que pour la vieillesse qui rumine et soupire.

**L'épuisement relatif des sexes.** — La femme, en général, ne se prête pas aussi souvent que l'homme à la répétition de la jouissance complète ; elle s'épuise plus vite en nerfs, quoique faisant beaucoup moins de pertes physiques. Celles qui se grisent pour se fouetter les sens et se répéter fréquemment, arrivent à la dernière limite de l'accélération du mouvement cellulaire sensitif, c'est-à-dire à l'irritabilité absolue, à l'hystérie (quoique, souvent, les

attaques hystériques n'ont rien de commun
avec le sens érotique), à l'épilepsie, à la paralysie, au gâtisme et à la folie ; à la danse de
Saint-Guy (chorée), cris, aboiements, soubresauts nerveux, etc., etc.

Les hommes aux goûts dépravés qui courent
après toutes les nouveautés dans le genre et
l'espèce, tombent également dans le marasme
et deviennent la proie de névroses multiples et
intenses, qui leur imposent de bonne heure
une retraite honteuse et douloureuse.

**Troubles du parfum des plantes durant
leur accouplement.** — Il n'y a pas que les
hommes et les animaux dont le parfum est
modifié durant le temps de l'accouplement.
Les plantes offrent des exemples nombreux de
ce genre. Dans la *Botanique* de Duchartre,
Morren démontre que les orchidées perdent
leur parfum une demi-heure après l'application du pollen.

Rivière, dit Monin, cite surtout « le *cono-
phallus, dont les fleurs femelles exhalent une
odeur infecte, jusqu'au moment où les fleurs
mâles y répandent le produit de leurs éta-
mines.* »

D'où nous pouvons conclure sans hésiter,

que la présence du mâle modifie considérablement le parfum de la femelle. Cela vient encore
à l'appui de la thèse que nous soutenons et de
ce que nous allons dire relativement aux parfums de la jeune fille, chez laquelle se révèlent
les sentiments amoureux.

**Mâles trompés dans le coït sur le parfum
de leurs femelles.** — On rencontre, dans les
écuries et dans les étables des éleveurs, beaucoup de femelles qui ne peuvent pas être fécon-
dées ; des vaches surtout appelées *robinières*.
Cela tient, entre autres causes, à l'antipathie
plus ou moins prononcée qui règne entre les
conjoints, surtout à l'antipathie du mâle pour
la femelle. Le taureau commence une œuvre
qu'il ne peut pas achever : il y a fraude.

On parvient à vaincre cette antipathie en
dissimulant l'odeur particulière de la femelle,
en aromatisant certaines parties de son corps,
directement en scène, afin de tromper le mâle ;
ou, au moins, d'atténuer momentanément les
émanations propres de la femelle qui l'éloignent
d'elle.

Pour cela, chez les chevaux, on se sert d'infusions très concentrées de sainfoin, de serpolet,
de sauges et autres foins aromatiques.

Des injections faibles et peu profondes de ces liquides dans le bord du canal de la femelle sont quelquefois urgentes pour dissimuler, atténuer le parfum spécial des liquides provenant de la sécrétion des glandes vaginales.

Pour les vaches, des infusions de plantes vertes de toutes sortes suffisent; pour les lapines, des infusions d'orties blanches ou de serpolet.

Chez certaines femelles destinées à reproduire des hybrides, on est quelquefois obligé de couvrir les yeux du mâle et d'imprégner la femelle qu'on veut faire saillir, des parfums naturels d'une autre femelle préférée de ces mâles, et choisie dans leur espèce.

On fait habiter l'étrangère dans l'écurie de la sultane, à côté d'elle, durant plusieurs jours. On transporte, au moment du coït, les produits de sécrétion féminins qui doivent tromper l'officiant, qu'on a préalablement mis dans l'impossibilité de voir la concubine qu'on substitue à sa légitime. Souvent, dans ce cas, l'illusion est assez complète pour tromper le maître et seigneur.

Si le mâle se doute de la fraude, il faut doucement éloigner la cavale adultère et mettre, à sa place, l'épouse préférée; la lui faire sentir et lui substituer promptement la première quand on croit l'illusion assez complète et le moment arrivé.

C'est un travail très difficile où rien ne doit être négligé.

On a essayé de faire respirer certaines odeurs aux chevaux, dans les écuries, avant de les conduire à leurs femelles antipathiques. Ce procédé a échoué; il n'a réussi qu'en imprégnant la femelle des odeurs de l'écurie en lui faisant habiter, durant quelques jours, la chambre de son royal seigneur avant le rapprochement définitif.

Lorsque le sens de l'olfaction est perverti chez un étalon, cela lui ôte les trois quarts de son ardeur. Certains sujets tombent même dans une impuissance relative, ou absolue, quand ils sont privés des facultés olfactives qui sont leurs plus puissants facteurs d'excitation au plaisir.

Chez l'homme, le coryza momentané ou chronique engendre des accidents similaires, quoique moins brusquement provoqués.

Oliva conseille la civette comme propre à exciter des transports chez quelques animaux. Cette odeur fait chanter les rossignols en cage.

« Les odeurs suaves, dit-il, stimulent les animaux à chanter, en augmentant leurs flammes amoureuses. »

Quelques auteurs contemporains ont *flairé le Parfum de la Femme.*

Le *Mâle*, de C. Lemonnier, est un type psycho-physiologique des mieux compris et des mieux réussis. Cet ouvrage est mal lu; peu de ses lecteurs le comprennent et peuvent s'élever à la hauteur du puissant esprit philosophique qui l'a conçu.

On cherche, dans un livre, une grivoiserie, une phrase à sensation, et voilà tout. Le côté sérieux est négligé, méconnu.

C. Lemonnier est le carabin des âmes puissantes et fortes qui sèment, qui embrassent et qui produisent. Il gonfle les désirs en brûlant leurs enveloppes et en les enivrant de leurs propres parfums, jusqu'au moment où l'embrasement du sang rend l'attraction irrésistible... « Lui, se poussa plus près, attiré par *l'odeur du soleil* qui flottait autour de l'inconnue. »

Et plus loin :

« La fermentation des printemps mettait une flambée d'étincelles dans ses veines. »

Pourquoi les ouvrages raisonnés d'Alexandre Dumas fils n'ont-ils pas produit tout l'effet qu'on devait en attendre ? Parce qu'ils sont arrivés trop tôt et dans un moment inopportun. L'auteur était né ; mais le lecteur ne l'était pas.

Le cerveau public ne voyait qu'un sujet à rire dans *l'Homme-Femme*, qu'il n'a pas compris... ni même lu, et rien de plus ; il était incapable d'en déduire aucune conséquence philosophique ou économique, ni d'en flairer les bases d'une École nouvelle.

*La Princesse Georges* fit rire et fit peur. Le réalisme osait apparaître dans le monde ! On se voila la face d'un crible à larges mailles pour tout voir et ne pas être vu : ridicule et fausse pudeur de l'hypocrisie de notre siècle.

On en a vu du réalisme, depuis ce temps-là. M. Zola nous en a vendu. Il a fouetté l'attention publique avec de grosses lanières, comme on fouette une rosse énervée, dépravée et dévoyée qui a besoin d'être grossièrement battue pour penser. Il n'a obligé personne à réfléchir, à déduire, à conclure, et on l'a lu. On sait *Pot-Bouille* et *l'Assommoir* par cœur, et l'on n'a pas l'idée des trésors de sciences économiques, discrètement voilés, dans les feuillets d'une *Visite de Noce ;* ni de l'embryon du divorce dans *Tue-la* et *Tue-le* Il serait injuste d'oublier Émile de Girardin.

Espérons que le peuple, las de manger des échaudés, reprendra goût aux aliments nutritifs.

Si cette étude jouit de quelques succès et a quelque utilité, nous devons des remercîments à M. Alexandre Dumas, car c'est en entendant, pour la première fois, sa philosophique étude d'un mariage embryonnaire, dans sa *Visite de Noce,* que nous avons conçu l'idée du sujet que nous offrons humblement, aujourd'hui, à la légion pensante des indulgents, des blasés et des sceptiques de notre époque.

Que la jeune mère, en allaitant son fils, se préserve de toute tache de lait susceptible d'engendrer une odeur étrangère à son parfum, et pouvant éloigner d'elle, du moins momentanément, celui qui ne doit plus sentir d'autres femmes que celle qui est et sera la mère de ses enfants.

L'auteur de la *Dame aux Camélias* et de tant d'autres chefs-d'œuvre littéraires, avait souligné d'un trait lumineux rapide, celui de nos sens qui nous donne à la fois le plus de jouissances, de douleurs et de déceptions.

L'idée du *Parfum de la Femme* ne pouvait échapper, non plus, à l'esprit observateur de Zola qui a dit :

« Tout respirait une odeur de Femme »...

... « Il sentait ces épaules de Femme dont le bouquet l'enivrait ».

Il est incontestable que c'est dans la jeunesse que toutes ces impressions olfactives sont le plus vives. Mais peut-on nier le plaisir calme et légitime qu'elles offrent à tout âge, même aux octogénaires, dont toute la vie active n'est plus que souvenirs.

Cela nous rappelle les paroles d'un illustre et sympathique vieillard, Crémieux, qui nous honorait de son affection et qui, le lendemain de la mort de sa bien-aimée compagne, nous disait, dans son hôtel de Passy :

« Mon cher enfant, cette atmosphère pleine d'elle m'étouffera bientôt, puisqu'elle ne viendra plus y renouveler la vie »...

Et, quelques jours plus tard, ce noble ami mourait de douleur et de *faim,* parce qu'il n'avait pas voulu vivre plus longtemps sans *elle.*

... Vaste et puissante intelligence au cœur le plus loyal et le plus généreux ; il nous sera toujours doux de rappeler ton souvenir ; nos tendres et chères lectrices, qui savent aimer, nous pardonneront cette indiscrétion du cœur.

**Puissance relative d'olfaction.** — Nous avons signalé de grandes différences dans les diverses classes des animaux sous le rapport de la finesse et de l'étendue de l'odorat. Des différences non moins remarquables peuvent se rencontrer dans les divers individus d'une même espèce.

La science a enregistré plusieurs exemples d'hommes privés ou à peu près privés du sens olfactif; tandis que d'autres exemples viennent nous étonner, en exposant aux domaines de l'expérimentation des individus chez lesquels ce sens ne semblait le céder, en rien, à celui de certains animaux.

Doit-on conclure de là que les premiers ne connaissaient pas les douceurs de l'amour, et que les seconds seuls étaient susceptibles d'aimer?

Ce serait professer la plus monstrueuse hérésie psycho-physiologique, mais les seconds seuls, c'est-à-dire ceux qui jouissent des qualités normales ou exagérées de l'olfaction, peuvent connaître l'amour dans toutes ses perfections; tandis que ceux qui sont affectés d'*anosmie* ou de la privation de l'odorat, ne peuvent jouir des avantages qu'offrent à l'homme sain les attributs multiples et variés d'une olfaction savante et expérimentée.

Voici quelques exemples fort curieux sur ce sujet, et qui ne sont pas tirés du domaine de la fantaisie.

Woodwart parle d'une femme qui prédisait les orages plusieurs heures d'avance, par la perception d'une odeur sulfureuse qu'elle reconnaissait alors dans l'air.

**Le religieux de Prague.** — Nous lisons dans *Le Journal des savants*, 1864, *Œuvres de Lecat*, t. 2, p. 257. Paris, 1767 :

Qu'un religieux de Prague, non seulement reconnaissait, par l'odorat, les différentes personnes, mais encore distinguait une fille ou une femme chaste d'avec celles qui ne l'étaient point. Quelle admirable précision, et dans quel vaste champ d'expérience le bon moine a dû pratiquer ses odorantes et plus ou moins savoureuses investigations !

« La chose n'est pas très difficile, ajoute le « docteur Monin, dans son curieux et utile « résumé (*Les Odeurs du corps humain*), nous « savons tel médecin de femmes qui flaire « admirablement la période menstruelle chez « ses clientes, sans s'y tromper jamais ».

Baruel père distinguait parfaitement, à l'odeur, le sang de l'homme de celui de la femme, attribuant à des acides gras volatils les différences de senteur.

D'après le récit des voyageurs, les Indiens de l'Amérique du Nord poursuivent leurs ennemis ou leur proie à la piste (*De la Hontan*, La Haye, 1715).

La race mongole et la race nègre paraissent, en raison de l'amplitude des cavités nasales, avoir l'odorat plus parfait et plus étendu que les peuples d'Europe. Les Kalmoucks sont cités, entre tous les Asiatiques, pour la finesse extraordinaire de l'odorat.

On rapporte aussi de remarquables exemples de la délicatesse de ce sens chez les nègres : quelques-uns distinguent les traces d'un blanc de celles d'un noir, et peuvent suivre à la piste ceux de leurs malheureux camarades qui, pour échapper à l'esclavage, s'enfuient dans les forêts.

Lecat rapporte un cas fort curieux : « Un garçon perdu fut élevé dans les bois qu'il ne quittait jamais. Il avait l'odorat assez fin pour lui permettre de reconnaître l'approche des ennemis, hommes ou animaux. Rentré plus tard dans la vie civilisée, toute sa puissance olfactive se conserva intacte. Il se maria et put toujours suivre sa femme à la piste ».

Voilà un mari qui... fort heureusement, n'a pas son pareil à Paris.

Déjà, en 1769, Haller (*Elementa physiologiæ*; Lausanne, in-4, t. V, p. 162) s'était occupé du genre de sensations que les odeurs produisaient. Il les avait appelées *agréables, désagréables* et *indifférentes* ou mixtes.

Cette classification, trop arbitraire, ne peut soutenir d'examen sérieux.

Quelles sont, en effet, les odeurs *agréables* et celles qui ne le sont pas?

Celles qui plaisent aux uns déplaisent aux autres; celles qui raniment la vie chez certaines femmes, provoquent des syncopes inquiétantes ou des agacements nerveux intenses chez d'autres.

Nous irons plus loin : une odeur qui plaît à midi, déplaît à minuit, à la même personne.

Il n'y a donc rien de scientifique dans la classification de Haller.

Toutes nos élégantes lectrices savent que l'*inoffensive* cigarette qu'elles brûlent par goût ou par genre, lorsqu'elles sont en bonne santé, les incommode lorsqu'elles ont une pointe de migraine consécutive à une trop longue veillée, à un peu de fatigue, d'énervement, de dépit orgueilleux ou amoureux, etc., etc...

Le sens de l'olfaction est très capricieux, très changeant.., surtout chez ces enfant gâtées qui ont su conquérir les droits du commandement, tout en ayant l'air de faire notre volonté.

# CHAPITRE XI

## LE PARFUM ET L'HYGIÈNE DE LA BOUCHE

Quoique les odeurs de la bouche aient une autre origine que celles qui nous occupent, il est urgent de ne pas les négliger ici.

La mauvaise haleine a des causes diverses. Elle vient de l'estomac, des poumons ou de la bouche. Nous ne reviendrons pas sur l'ozène et les maladies du nez.

Les affections de l'estomac et les désordres du larynx, des bronches ou des poumons provoquent, dans certains cas, des odeurs repoussantes de la bouche.

Nous ne pouvons entrer ici dans les détails de toutes ces maladies; bornons-nous à mentionner celles de la cavité buccale, et à signaler brièvement les lois urgentes de l'hygiène de cette région.

Les affections les plus communes de la bouche sont la stomatite et le scorbut.

La stomatite est caractérisée par l'inflammation de la membrane muqueuse qui tapisse la cavité buccale. Il y a plusieurs sortes de stomatites, suivant les causes qui peuvent les déterminer.

**Stomatite des fumeurs.** — Nous ne parlerons ici que de la stomatite simple. Elle est caractérisée par une rougeur ponctuée, ou disséminée par plaques sur la partie interne des lèvres, à la voûte palatine et sur les gencives (gencivites).

Elle occasionne une douleur cuisante assez vive, et s'exaspérant par le contact des corps solides ou par l'action du froid. Cette maladie n'excède pas quelques jours. Elle est provoquée par plusieurs causes : la fumée du tabac (stomatite des fumeurs); les brûlures par les aliments trop chauds : potages, café, etc., etc., aliments trop poivrés, trop épicés. Cette maladie se guérit vite sous l'influence d'aliments liquides ; gargarismes légèrement astringents (eau salée), régime modéré ; suppression des causes : ne pas fumer, ne pas manger d'aliments chauds et vinaigrés ; supprimer toutes sortes de liqueurs alcooliques.

**Formule médicale contre la stomatite.** — Dans les cas rebelles : pastilles de Tolu et de chlorate de potasse. Aucun cas ne résiste au gargarisme au chlorate de potasse (4 à 5 grammes dans 250 grammes d'eau. Continuer ensuite pendant quelque temps les gargarismes fréquents à l'*alcool*. L'odeur de la bouche recouvre sa fraîcheur promptement.

Pour les fumeurs, une cuillerée à café d'*alcool* dans un verre d'eau et bien se laver la bouche à deux ou trois reprises différentes, de cinq minutes en cinq minutes, en opérant de légères frictions sur la muqueuse buccale, les gencives et les dents au moyen d'une brosse très douce.

Si les dents sont mauvaises, il faudra les surveiller, parce qu'elles peuvent corrompre vite l'odeur de l'haleine.

Quand l'odeur devient fétide, c'est qu'il y a quelques causes de putréfaction dans les anfractuosités dentaires cariées ou non ; du mucus ou des parcelles alimentaires accumulées et en état de décomposition.

10.

Beaucoup de dames ont les quenottes serrées les unes contre les autres, et ne peuvent se servir utilement du cure-dents.

Il faut, dans ce cas, avoir recours à la brosse immédiatement après chaque repas.

Un verre d'eau pure aromatisée de quelques gouttes de *cumel* suffit pour opérer le lavage sain et hygiénique de la bouche. Ces gargarismes devront, de plus, être soigneusement faits matin et soir, si l'on veut conserver à l'haleine et à la bouche cette douce et inodore fraîcheur qui en fait le charme.

Dans les cas de caries dentaires, il faut toujours s'adresser à un dentiste habile et instruit. La carie d'une dent peut entraîner les plus irréparables outrages, non seulement de la bouche, mais du visage, en déterminant l'apparition d'abcès et de fistules de toutes sortes.

Lemaire dit que dans ces cas de caries dentaires négligées, l'haleine prend une odeur gangreneuse repoussante, et que l'on peut constater, dans l'air expiré des sujets atteints de ces maladies, la présence de nombreuses bactéries et de microccus variés.

**Maladies scorbutiques.** — Dans les cas de maladies scorbutiques, il faut avoir non seulement recours aux traitements locaux, mais encore, et surtout, aux traitements généraux.

L'intervention du médecin est urgente.

On dira peut-être que l'exposition de ces misères humaines sont bien faites pour effrayer les gens qui se portent bien. Tant mieux. Nous ne croyons pas encore les hommes assez raisonnables pour éviter le péché sans la crainte de *l'Enfer*.

On se préserverait de tant d'accidents, si l'on voulait pratiquer la méthode de ces bons Chinois, qui nous ont fait faire et dire tant de bêtises, et qui consiste tout simplement à payer son médecin tant qu'on se porte bien, et à lui supprimer net son traitement du jour où l'on tombe malade jusqu'au jour où il nous a fait recouvrer la santé.

Que de maladies et de chagrins pourraient éviter les gens du monde s'ils se donnaient la peine de penser à leur santé quand ils se portent bien, et d'arrêter toute maladie au début; mais l'on ne pense à soi que lorsqu'on est malade... On compte sur le médecin, comme les pauvres comptent sur l'Assistance publique : tristes et faibles garanties !

**Stomatites et gencivites des femmes en-**

ceintes. — A propos de vos jolies quenottes, mesdames, je ne veux rien négliger pour vous aider à les conserver toujours.

Il est un moment, où, la femme, bouleversée par le sublime dédoublement qui s'opère en elle, ne pense plus à sa santé, oublie même momentanément sa beauté pour concentrer toute sa tendresse et ses trésors affectifs, sur la chère créature qu'elle s'apprend à aimer dans le silence et le recueillement qui préludent, pour elle, à l'éclosion d'une vie nouvelle.

Ce moment-là, ou mieux, cette période-là, dure, en moyenne, deux cent soixante-dix jours.

Des révolutions sans nombre s'opèrent chez elle, à son insu. Son caractère se modifie sensiblement sous l'influence de diverses névroses qui changent le parfum normal de tout son corps émotionné. Les lois physiologiques normales, obéissant aux troubles psychologiques, ne président plus les phénomènes de sécrétions générales et particulières. Les glandes salivaires produisent une salive qui n'est plus alcaline, mais bien acidulée. Ce liquide attaque les gencives qui deviennent saignantes, découronne les dents, les déchausse et les fait tomber. Nous avons vu certaines malades enlever leurs dents des alvéoles, comme elles auraient enlevé des bougies de leurs chandeliers, sans aucune douleur.

Toutes les dents tombaient ainsi les unes après les autres, au désespoir de la pauvre jeune mère.

Il faut, dans ce cas, rendre à la salive son principe alcalin au moyen de gargarismes fréquents aux sels de soude et de potasse.

En pratiquant ces ablutions buccales au début de la grossesse on prévient ces terribles accidents.

Dans d'autres cas, la jeune femme est subitement prise de douleurs dentaires vives. Elle souffre un jour, deux jours, huit jours, et se rend chez le dentiste qui extrait la dent, mais laisse la douleur. Quelques malades se font arracher toutes leurs gentilles perles sans éprouver de soulagement. J'avoue que je ne suis pas plus avancé qu'elles, n'ayant jamais pu guérir, par un remède quelconque, cette névrose spéciale à la femme dans un état de gestation plus ou moins avancée. Gardez votre douleur et, surtout, gardez vos dents, qui sont absolument étrangères à vos souffrances.

On a rarement vu ces troubles se continuer

après l'accouchement, même dans les cas d'al-laitement par la mère.

**Formule médicale pour éviter la chute des dents chez les femmes en état de gestation :**

GARGARISME AU CHLORATE DE POTASSE

Chlorate de potasse..........  10 grammes.
Eau distillée.................  250    —
Sirop de mûres...............  50    —

# CHAPITRE XII

NOUVEAUX ATTRIBUTS DU SENS DE L'OLFACTION
ET DU PARFUM DE LA FEMME.

Nos lecteurs et nos intelligentes lectrices nous pardonneront l'insistance avec laquelle nous avons parlé de l'organe olfactif et de ses attributs directs tant anatomiques que physiologiques. De la description fidèle et de l'histoire détaillée de cet appareil dépendait toute l'intelligence du sérieux et délicat sujet que nous traitons.

Une omission engendre une lacune qui peut engendrer, à son tour, mille hérésies scientifiques, mille causes d'erreurs et de fausses interprétations.

Et puis, que de beautés scientifiques n'avons-nous pas rencontrées dans cette étude rapide et succincte du domaine précis d'une des plus fidèles et des plus obéissantes sentinelles du cerveau ?

C'est par cet éclaireur intelligent et subtil que notre *moi* est *le plus tôt, le plus souvent et le plus sûrement averti,* a dit Buffon.

L'étude de ce sens a été trop négligée ; cette négligeance est coupable. Il n'est pas permis à l'homme, qui s'honore de raisonner, de passer à côté des domaines de l'olfaction avec tant d'indifférence.

Maintenant que nous connaissons bien l'organe, ne nous lassons pas d'en étudier tous les attributs directement utiles, et appliquons-les à notre profit, suivant le conseil de Molière, qui disait : « Prenons le bien et le beau où nous le trouvons ».

**L'aurore est le plus puissant facteur du parfum de la femme.** — Comme les fleurs, auxquelles elles ressemblent beaucoup par leurs qualités et leurs gentils défauts, les femmes répandent leur plus doux et plus enivrant parfum aux premiers rayons du soleil, et au souffle des premières brises du crépuscule du soir... Les nocturnes et les soupeurs tardifs ne sont donc pas les mieux partagés ; car la lumière, surtout celle de l'aurore et du crépuscule de l'Orient et de l'Occident est le plus puissant facteur du *Parfum de la femme*.

Il y a des exceptions, et de nombreuses, à cette règle.

Certaines femmes jouissent d'un parfum beaucoup plus agréable la nuit que le jour ; ce sont celles qui souffrent de névralgies diurnes provoquées par la trop grande lumière ou la réverbération des choses brillantes, comme la neige, les paillettes de mica sur les grandes routes blanches ou la vue des maisons trop ensoleillées.

Ces femmes sont malades durant le jour ; elles ne se portent véritablement bien que dans l'obscurité des rideaux et des tentures sombres, ou d'une nuit profonde.

Plusieurs plantes, comme une espèce de ficoïde d'Afrique, le *Mesembryanthemum noctiflorum*, ne sont odorantes que de nuit, tandis que d'autres ne possèdent cette qualité que pendant l'ardeur du soleil. Le *Geranium noctu olens* perd son odeur de musc au lever du soleil. (Cloquet.)

C'est la nuit que les jolies nocturnes sont dans tout l'éclat de leur beauté. C'est à minuit, à l'heure où, selon Pigault Lebrun, le Créateur souffle des milliers d'âmes sur Paris, que les reines de la vie et du printemps répandent autour d'elles les plus doux et les plus enivrants parfums. « Mais ne divulguons pas les secrets d'entre deux draps, » a dit M^{me} Deshoulières.

Le *Parfum de la femme* n'est pas invariable chez celles qui sont souffrantes ou maladives à l'excès. Il est à peu près normal chez celles qui se portent bien et qui jouissent d'un caractère égal. C'est généralement chez ces dernières qu'on rencontre le parfum le plus suave et le plus universellement recherché.

Ces *femmes nocturnes* sont comme certaines espèces de *Géranium* et d'*Épidendrum*, quelques fleurs de la famille des *nyctaginées* et, en particulier, le *Mirabilis longiflora* qui, *par esprit de contradiction,* ne développent leur parfum que pendant l'obscurité de la nuit : Les *jonquilles* et les *Rosières*, qui poussent dans un lieu obscur, n'en sont pas moins odoriférantes sous les caresses d'un rayon de soleil.

Le parfum des femmes des pays chauds et tempérés est beaucoup plus prononcé que celui des femmes du Nord : voilà pourquoi on dit que les premières sont *piquantes* et les secondes *fadasses*.

Le pigment et les liquides odorants n'atteignent pas, dans les pays de neiges et de froids humides, la même intensité aromatique normale que chez les sujets des zones tempérées ou brûlantes.

**Le succès des Négresses à Paris.** — Une Européenne est *fadasse* pour un nègre ; une négresse, trop piquante pour un Européen.

Il faut pourtant tenir compte de l'aberration et de la dépravation du goût, qui ont provoqué l'importation, à Paris, d'une foule de jeunes mulâtresses plus ou moins foncées, qui font les délices de quelques vidés ou de quelques vieillards lubriques ayant fait fortune dans la mégisserie.

Un de nos confrères, le D$^r$ X, médecin français, blanc d'origine, à Haïti, épousa une négresse dont le parfum l'enivrait, suivant son expression. « Je ne comprends pas, nous disait-il, l'amour provoqué par une blanche fadasse et sans odeur. »

Voltaire a dit : « Le crapaud ne trouve rien au monde d'aussi joli que sa crapaude. »

Il n'y a pas de discussion plus stérile que

celle qui porte sur la *cause* des préférences, des goûts, des couleurs, des parfums et des amours.

Les femmes d'une couleur d'ébène pure acquièrent, après un grand bain salé, un parfum extrêmement érotique sous des frictions de lavande sèche, de thym frais ou de décoction concentrée de ces deux plantes.

**Les bains anisés au chlorure de sodium.** — Un kilogramme de sel marin ou de cuisine suffit dans un grand bain.

Nous recommandons ce bain à toutes les femmes aux chairs pâles et molles, sujettes aux écoulements leucorrhéiques.

L'essence d'anis imprègne le corps d'une odeur suave et douce, qui plaît généralement beaucoup aux gourmets de l'olfaction.

Le chlorure de sodium s'imprègne bien de ce parfum, qu'il dégage dans le bain en se liquéfiant.

Les bains locaux, surtout pour les organes génitaux, doivent toujours être saturés de sel marin. Une poignée de sel dans une cuvette ou un bidet, matin et soir, procure un bain de propreté au-dessus de tous ceux qu'on pourrait inventer.

**Injections et bains locaux trop astringents.**
— Il faut se préserver, surtout, des injections et
des bains locaux trop astringents, dans la toilette des femmes : l'eau blanche est dangereuse... parce qu'on en abuse... et parce qu'elle
peut entraîner l'occlusion plus ou moins maladive du vagin, surtout chez les jeunes filles
non déflorées, et chez les femmes solitaires et
isolées qui n'ont pas franchi l'âge de la ménopause. Ces bains et injections, qui corrigent la
nature chez les Anglaises et les Allemandes,
sont inutiles pour les Françaises et les Méridio-
nales.

**Des parfums naturels et des parfums ac-
quis.** — Il y a, chez la femme, deux catégories
de parfums : le parfum *naturel* et le parfum
*acquis*, ou le parfum *primaire* et le parfum
*secondaire*. La coloration des cheveux, des
poils et de la peau jouent un rôle considérable,
ainsi que nous l'avons vu, dans l'histoire du
parfum de la femme. Ce rôle est surtout prononcé dans l'histoire du parfum *acquis* ou *secondaire*.

En nous appuyant sur les savantes et curieuses expérimentations de Stark (d'Edim-
bourg) relatives aux différences que présentent

les substances diversement colorées au point de
vue de l'absorption des odeurs avec lesquelles
elles sont mises en contact, nous pouvons affirmer que l'intensité d'absorption des parfums
*acquis* est décroissante, suivant les couleurs,
dans l'ordre suivant : 1º La négresse et la mu-
lâtresse, avec toutes ses nuances de chocolat
ou de pain d'épice; 2º la brune foncée à la
peau pigmentée; 3º la brune foncée à la peau
blanche excepté au cou, aux avant-bras, aux
hanches et aux genoux; 4º la brune foncée à
la peau blanche d'albâtre (c'est la brune au
parfum d'ébène) aux veinules transparentes
sous l'épiderme, au corps d'un marbre blanc
légèrement veiné, pour en faire ressortir la
blancheur; aux cheveux et aux poils luisants et
aux reflets de jais verni; 5º la brune à la peau
pâle et mate, comme enfarinée, qui ne sent rien
quand les pieds sont petits; 6º la brune claire
ou châtain foncé, à la peau fine et blanche, un
peu rosée; 7º la châtain clair ou cendrée, avec
reflets dorés, le plus beau type des blondes
cendrées, avec peau blanche et veinée, atta-
ches fines, veinules épidermiques fondues projetant une teinte d'azur tendre sur toutes les
régions du corps; finesse épidermique accomplie du satin des joues, du trapèze, du peau-

cier, du deltoïde, des pectoraux et des entre-cuisses. Le corps et la transpiration de cette femme sentent l'ambre ; c'est le type de la blonde accomplie exhalant le parfum le plus stable et le plus enivrant, même quand la femme a passé la cinquantaine ; 8° la blonde cendrée pâle, aux cheveux et aux poils à deux nuances : blond très pâle et blond passant au roux ; n'a pas la fermeté de chairs de la précédente, quoiqu'en ayant quelquefois la finesse et le parfum ; 9° la blonde foncée, non cendrée ; peu de cheveux et de poils, chairs pâles, fadasses ; 10° la blonde rousse avec des *taches de son* sur le visage et les mains, la *tavelée*, belle peau, peu de sourcils et de poils ; parfum spécial ; 11° la rousse pure tavelée, cheveux et poils abondants, peau blanche tachée de son, quelquefois des yeux noirs d'une originalité toute particulière, regard étrange et fascinateur, de belles dents, des lèvres ou minces à l'excès ou charnelles ; souvent affectée de ptyalisme qui n'est pas sans inconvénient et sans odeur ; parfum tout à fait caractéristique, fin ou très recherché.

**La brune fixe mieux les parfums artificiels que la blonde.** — D'où il résulte que la brune dépensera beaucoup moins de parfumerie que la blonde ou la rousse, pour obtenir le même résultat... puisque la première fixe à son profit, avec un caractère de stabilité plus grand, les parfums artificiels dont elle fait usage.

La rousse n'ayant pas ce pouvoir d'absorption et de fixité des odeurs, sera obligée, ou de dépenser une plus grande quantité de parfums artificiels, ou d'user de produits plus concentrés, quitte à asphyxier les personnes qui l'approcheront.

C'est aussi les moyens que mettent en usage les femmes qui sont obligées de dissimuler un parfum naturel désagréable par un parfum artificiel quelconque... souvent plus désagréable encore.

**De la couleur des vêtements.** En ce qui concerne la toilette des femmes, la question des couleurs, au point de vue de l'absorption des odeurs, n'est pas dénuée d'intérêt non plus.

On est tous les jours obligée ou forcée d'aller dans une assemblée ou dans un... salon, imprégnés de tels ou tels parfums bien connus de tierces personnes, avec lesquelles on doit se retrouver en sortant de là.

S'il y a un mystère à cacher, ou simplement un secret à garder, il ne faut pas s'exposer à être trahie par une robe, un chapeau, un manteau ou une paire de gants.

Les vêtements noirs sont ceux qui absorbent le plus les odeurs ; puis viennent les bleus, les verts, les rouges, les jaunes et enfin les blancs qui les absorbent le moins ou qui les laissent le plus promptement évaporer... Le plus sûr moyen de ne pas être trahie serait... vous le devinez?...; mais il y a quelquefois trop de monde !... dans l'antichambre. Enfin, voilà le secret des absorptions des odeurs qui engendrent souvent tant de scènes dramatiques dans la vie d'une jolie femme... A bon entendeur, salut !

Quant aux brunes, nous les engageons à bien abriter leurs cheveux s'ils sont destinés à recevoir les baisers de quelque amant tendre et... parfumé... Nous pourrions donner, à toutes les femmes, le même avis concernant leur plus secrète parure... Les hommes sont si peu raisonnables, et vous nous autorisez, quelquefois, mesdames, à être si indiscrets! Loin de moi l'idée de vous effaroucher, il n'y a rien au monde de plus bête qu'un homme qui effraie les femmes ; mais il faut pourtant que je vous dise qu'un seul grain d'ambre gris avait suffi pour parfumer un paquet de lettres restées odorantes après quarante années.

Rien ne sert plus l'indiscrétion qu'un nez savant, qui a déjà pris des hypothèques sur un parfum.

Ainsi que nous l'avons vu au chapitre III, l'électricité est aussi une cause de perturbation considérable chez la femme, et modifie sensiblement son parfum naturel.

Au début de l'influence électrique, il y a surexcitation générale dans le système nerveux, tension fatigante, énervante, avec exagération des parfums naturels... c'est l'heure psychologique. Les forteresses les plus redoutables, assiégées vigoureusement à cette heure-là, ont presque toujours été prises d'assaut... Aux premières gouttes de pluie, le charme s'évanouit et les influences amoureuses pâlissent.

Si l'influence magnétique se prolonge, les glandes de sécrétion générale se tarissent, et les émanations parfumées cessent pour réapparaître après le phénomène électrique.

En temps d'orage, on peut toujours constater la véracité de ces faits. Du reste, ces troubles passagers sont soulignés par le caractère de la femme, tendre au début et à la fin de l'orage, nerveuse et irritable quand l'orage se prolonge sans pluie, et que la belle irritée ne peut pas aimer ou pleurer.

L'état hygrométrique de l'atmosphère influant sur l'intensité de nos sensations olfactives, influe également sur la condensation relative du parfum de la femme.

Nous avons dit que c'était durant les minutes qui précédaient et suivaient l'aurore que la femme répandait le plus de parfums autour d'elle.

Le sanctuaire d'un amour partagé ressemble à un jardin couvert de fleurs; en aucun moment du jour l'air n'y est plus embaumé que le matin... Aussi, que d'amoureux qui se lèvent tard !

Celui qui se lève avant l'aurore, **a dit un grand philosophe,** sera peut-être un enfant du négoce, mais ne sera jamais un enfant de l'amour.

Que d'amants qui se font surprendre par des jaloux, en oubliant de se lever ou de quitter la chambre imprégnée de leur bonheur.

Quand un rayon de soleil baigné dans la rosée du matin pénètre dans l'alcôve, il y engendre l'extase par les souvenirs odorants qu'il y fait éclore. Les couches d'air tiède et humide, qui entourent l'autel des sacrifices humains, tiennent en suspension des vapeurs vésiculaires d'êtres aimés. Ces vapeurs, en se déplaçant sous les plis des rideaux, provoquent, par le plus agréable des souvenirs de l'olfaction, la rumination du péché que nous avons vu le poète appeler : « la bêtise des hommes et l'esprit de Dieu ».

**Pourquoi chiffonne-t-on la femme qu'on aime?** — La sécrétion du parfum naturel du corps humain n'est jamais plus intime, ni plus séduisante qu'à l'heure solennelle de l'ébullition des creusets vivants de l'humanité.

Il n'y a là qu'un phénomène ordinaire.

Cet acte physiologique est commun à tous les corps organiques ou inorganiques ; tous, ou presque tous, atteignent leur point maximum odorant par le choc, le frottement et le froissement : l'amant qui sent sa maîtresse, ou l'époux qui sent sa femme, la *chiffonne* toujours, ainsi que nous l'avons remarqué déjà.

# CHAPITRE XIV

### INFLUENCE DES PASSIONS
### ET DES ÉMOTIONS DIVERSES SUR LE PARFUM
### NATUREL DE LA FEMME

Les passions, ainsi que toutes les impressions intellectuelles et morales vives, jouent un rôle considérable dans la gamme chromatique des *parfums de la femme.*

Les femmes naturellement tristes, ou momentanément attristées, n'exhalent pas le même arome que les femmes gaies. Ces dernières sentent presque toujours bon, même en colère.

La sécrétion des glandes lacrymales jettent, dans la sécrétion générale des parfums de la femme, une perturbation considérable.

Après plusieurs jours de douleurs, la femme

dégage sensiblement une odeur de souris, comme celle, beaucoup plus intense, qui se dégage dans les rétentions d'urine trop prolongées dont nous avons parlé.

L'approche des dates menstruelles trouble aussi la sécrétion naturelle des parfums.

Nous rencontrons des femmes qui ont peine à déguiser certaines odeurs passagères, malgré tous les soins de propreté requis.

Les rêves ont également une action directe sur le parfum naturel, et cela s'explique par l'agitation, quelquefois considérable, dans laquelle ils nous précipitent subitement : mouvements, sensations, joie douleur, délire, colère, rage, transpirations, sécrétions, éjaculations, rien n'y manque. Dans cet état psychologique, les troubles organiques sont nombreux et complexes.

La tristesse et la gaieté prolongées changent le parfum de la femme.

Une veuve de six mois, je parle d'une veuve triste, vous savez mieux que nous, mesdames, *combien* il y en a, une veuve de six mois n'a plus du tout le même arome qu'elle avait étant épouse et gaie.

Par opposition, une veuve gaie, et vous savez encore *combien* il y en a, voit ses parfums se modifier avantageusement tous les jours, à partir de son veuvage.

**Odeurs des vierges et des onanistes mâles ou femelles.** — La jeune fille, dont les sens n'ont pas encore parlé, est sensiblement aromatique ; elle sent le vent et le soleil du printemps, l'eau fraîche framboisée. Celle qui est amoureuse a un parfum plus prononcé ; celle qui pratique l'onanisme, ou a un amant, rentre dans la catégorie générale.

La pratique abusive de l'onanisme provoque, chez les sujets mâles ou femelles, une odeur fadasse de beurre rance très prononcée. Tous leurs habits sont comme imprégnés de lait aigri ; ils sentent la nourrice malpropre, ou qui ne change pas assez souvent de linge.

Dans la peur, les glandes organiques ne sécrètent plus, elles sont momentanément taries. Leur sécrétion nouvelle est toujours désagréable au début ; mais bientôt cet inconvénient disparaît.

Il en est de même dans la colère, avec cette différence que les sécrétions reparaissent beaucoup plus vite et avec beaucoup plus d'abondance qu'après la peur.

Le corps de certains animaux en colère dégage des odeurs dangereuses.

« En enfermant des crapauds et des vipères dans une caisse de tambour, pendant qu'on frappe dessus, on les irrite tellement qu'ils exhalent une odeur mortelle. » (Haller.)

Suivant Diemerbroëck, avant d'être atteint de la peste, on exhale une odeur suave particulière qui ne ressemble à aucune autre.

**L'extase amoureuse et religieuse. Toilette secrète des jeunes filles.** — Dans l'extase amoureuse, la peau se parfume de ses plus doux et de ses plus enivrants parfums.

L'extase amoureuse n'est pas toujours comprise par les femmes qui tombent dans cet état. Elles sont heureuses ; elles éprouvent du plaisir de vivre, et ne savent pas pourquoi. Mais, généralement, cet ignorance fait place à un sens investigateur qui ouvre de nouveaux horizons à l'innocente créature, chez laquelle s'éveillent les désirs naturels de son sexe.

**Mademoiselle Giraud, ma femme.** — Il est rare de voir ces désirs violenter les jeunes filles qui font quotidiennement deux fois leur toilette, matin et soir.

La négligence de l'eau est dangereuse ; elle entretient la malpropreté, provoque le prurit des grandes lèvres, habitue l'enfant à porter la main dans cette région pour se gratter. Ces démangeaisons, provoquées par la poussière, sont quelquefois vives, et la jeune fille, ou même l'enfant, en déplaçant inconsciemment son doigt, provoque d'autres sensations qui se confondent d'abord avec les premières, mais qui, bientôt, s'en distinguent et sont avidement recherchées et provoquées : de là l'onanisme chez les filles et, souvent, plus tard, chez les femmes, la perversion des sens et de nouvelles « *Mademoiselle Giraud, ma femme* » si bien et si discrètement stéréotypées par Belot.

Les pensions et les couvents de jeunes filles, où les religieuses défendent de se *laver par là* sous peine de pécher, devraient être supprimées sans pitié : c'est une calamité morale publique. Heureusement, dit-on, le nombre de ces disciples de saint Labre diminue tous les jours.

Chez les petits garçons, beaucoup plus vicieux, la malpropreté des mêmes régions du corps entraîne les mêmes désordres moraux, intellectuels et physiques.

De là cette immense légion de ratés, vomis

par les collèges et les lycées, après quinze ans de travaux infructueux et nuls.

Nous disons : beaucoup plus vicieux.

En effet, la petite fille n'arrive à contracter ce défaut que par les suites d'une mauvaise hygiène des parties génitales ou l'exemple des *grandes*, qui n'est pas moins désastreux que l'exemple des *grands* ; mais elle échappe plus souvent et plus facilement à la contagion, ses désirs étant généralement moins vifs.

La fille ou femme pubère est surtout passive, sauf quelques exceptions assez communes dans les grandes villes, mais peu nombreuses dans les campagnes.

La passivité, chez la femme, est, comme chez toutes les autres femelles du règne animal, un état naturel. Il faut à la femme tous les attributs intellectuels et moraux de l'amour, toutes les prévenances et les caresses de son époux ou de son amant pour qu'elle soit complètement heureuse dans ses bras.

Le mari qui *commande* sa femme est un ignorant ou un brutal, qui ne connaît pas l'étendue des ravages qu'il cause dans ses domaines matrimoniaux.

Généralement, l'homme aime pour lui, en égoïste ; la femme, plus généreuse et plus susceptible d'abnégation vraie, aime pour le plaisir qu'elle procure à un autre ; elle nous aime pour *nous* ; et, pour *nous* aussi, c'est elle que nous aimons.

Étant égoïstes et injustes, nous sommes aveugles et nous perdons 100/100 sur le revenu de nos biens légitimes les plus chers.

**L'odeur de sainteté.** — Les jeunes personnes et les femmes, qui s'oublient dans l'extase amoureuse, ne tarderont pas à se narcotiser d'encens et d'autres pieuses odeurs, si rien ne vient détourner leur esprit et remuer leur cœur.

L'extase religieuse est un amour d'un autre genre, peu connu et, par conséquent, peu dangereux chez nos femmes catholiques qui ont la *foi,* mais qui ne croient en rien, vu l'ignorance dans laquelle on les laisse, même au point de vue des dogmes de leur religion.

Mais les femmes protestantes, les Suissesses et les Anglaises, pour ne citer que deux exemples, sont beaucoup plus malades. Elles croient et elles raisonnent ce qu'elles croient. Le protestantisme, beaucoup plus adroit et plus subtil que le christianisme, parce qu'il est plus moderne, parce qu'il sert mieux l'orgueil humain, parce que le mômier est plus jésuite que le jésuite, le protestantisme a l'intelligence de satisfaire l'esprit et le cœur autant que cela est nécessaire pour des croyants qui ont l'esprit et le cœur vides.

De sorte que les femmes protestantes aiment toutes Jésus, en même temps que leur mari, quand elles aiment ce dernier facteur de leur tendresse amoureuse.

Seulement, Jésus, par l'intermédiaire du bon pasteur, parle au cœur, à l'âme, aux sens même, par l'exaltation des pensées d'amour religieux, des prières et des chants composés dans une langue intelligible pour les extatiques et les cerveaux célestes du septième ciel. Pauvres maris !… *pauves-z hommes, va !* dirait Périn.

L'amour, chez la femme, est surtout un sentiment affectif ; elle est bien plus amoureuse par le cœur que par les sens ; il arrive même souvent que ce dernier amour n'est plus pour elle un plaisir, mais un simple devoir, dont elle s'affranchit souvent et le plus adroitement possible.

Le mari, qui n'a pas su préserver sa femme de l'extase religieuse, peut se vanter, tout en ayant, peut-être, la femme la plus accomplie sous tous les autres rapports, d'avoir une femme... *résignée.*

Il y a des maris à qui cela suffit!... C'est peut-être ce qui perpétue cette croyance que : les religions sont bonnes.

Ces saintes femmes ne sentent plus la femme; elles ont une *odeur de sainteté* toute particulière.

On perçoit le type de cette odeur en entrant dans une église ou dans un temple.

Sentez, les yeux fermés, une comédienne et une religieuse, vous ne vous tromperez jamais sur le diagnostic de leurs sentiments... quoique l'on voie des pensionnaires de nos théâtres se faire religieuses... comme le diable se fait ermite.

L'*odeur de sainteté* n'est pas, d'après Hammond, une simple figure de rhétorique ; c'est l'expression d'une *sainte* névrose parfumant la peau d'effluves plus ou moins agréables, au moment du paroxysme religieux extatique ; absolument semblable à l'expression de la névrose amoureuse parfumant également, et par les mêmes lois psycho-physiologiques, la peau satinée d'une femme adorée, que vous respirez à plein cerveau et qui n'est pas *résignée* du tout, comme la trop sainte dévote de bonne fabrique.

> *Ici fut la vierge Marie.*
> *Toi, qu'une sainte rêverie*
> *Dans ce bois propice égara,*
> *Prends sa place, femme chérie,*
> *Le Saint-Esprit s'y trompera.*
>
> PARNY.

On ne saurait nier que tous ces phénomènes odorants, qui se manifestent tous les jours à nos sens plus ou moins parfaits et exercés, relèvent du domaine des troubles de l'innervation.

Mais qu'est-ce que l'amour ? un spasme nerveux, un spasme agréable procurant la plus délicieuse jouissance, mais susceptible de provoquer aussi la plus vive et la plus terrible douleur, si cet état spasmodique se prolongeait au delà du temps physiologique normal.

Une autre maladie, causée par les troubles nerveux, la *léthargie*, provoque, dit Monin, une odeur cadavérique dans la perspiration cutanée. Bernütz pense que c'est cette odeur cadavérique, chez les léthargiques, qui a été la cause des épouvantables erreurs qui ont amené l'enterrement de personnes vivantes. Car, il faut bien l'avouer, nous n'avons encore que

des preuves probables, très probables de la
mort, mais pas une seule preuve infaillible
autre que la putréfaction. Et vous voyez ce
qu'en dit Bernütz, un savant autorisé.

Chez les aliénés, l'odeur de la peau est caractéristique. Leur sueur, dit Fèvre, de Tou-
louse, a des émanations spéciales, *sui generis*,
pénétrantes et infectes rappelant celle des mains
constamment fermées.

« Cette odeur, dans la folie, névrose du cerveau, est si caractéristique, dit Burrows, que
si je la sentais chez une personne, *je n'hésite-
rais pas à la déclarer aliénée, quand même je
n'aurais pas d'autres preuves* ».

« Cadet de Gassicourt, dit Monin, a observé
une jeune dame qui distinguait, à l'odeur
seule, les hommes et les femmes. Elle ne pouvait supporter de sentir les draps de son lit,
lorsqu'ils avaient été touchés par un autre que
par elle ».

Voilà une femme que son mari n'aurait pas
facilement trompée, surtout si ce mari avait
été brun, comme nous l'avons vu à l'article :
*La Brune fixe mieux les parfums artificiels
que la Blonde.*

Nous avons déjà cité comme perfection du
sens olfactif, plusieurs sujets fort surprenants,

tel que ce moine de Prague dont le nez expérimenté reconnaissait les rosières en les rencontrant dans la rue. Ce frocard serait de première utilité à Saint-Denis ou à Nanterre, où les couronnées accouchent dans le premier trimestre qui suit leur cérémonie religieuse.

**Parfum d'Alexandre le Grand, de Malherbe, Cujas, Haller.** — Beaucoup de personnes ont la transpiration agréable, ainsi que nous l'avons dit ; c'est une compensation..... raisonnable pour les humains.

Plutarque nous apprend qu'Alexandre le Grand exhalait la violette. Nous rencontrons cette qualité chez beaucoup de femmes d'un beau blond cendré, ou aux cheveux d'un beau châtain foncé, ainsi que nous l'avons vu. Malherbe, Cujas, Haller sentaient le musc, comme bon nombre de nos charmantes brunes et quelques blondes.

Les femmes ont parfaitement conscience de ces qualités odorantes, qu'elles définissent mal peut-être, mais dont elles ne manquent jamais de tirer tous les avantages possibles.

Leur coquetterie féminine sait associer telle ou telle odeur artificielle à leurs aromes particuliers, pour en accentuer ou pour en atténuer le parfum primitif.

Celles qui n'ont pas d'odeurs spéciales apparentes, les inodores, conservent leur neutralité ou ne font usage que de parfumerie de premier choix.

**Les pastilles du sérail**. — L'usage des parfums est vieux comme le monde. Est-ce que tous les peuples de la terre ne se sont pas toujours parfumés? Est-ce que les bains aromatisés, les huiles fines volatiles ne constituaient pas le plus royal présent?

Hommes et femmes se parfumaient le corps avant de se livrer aux plaisirs de l'amour, et les parfums employés étaient de choix spéciaux, d'un prix élevé, et bien choisis pour exciter les sens.

Les pastilles du sérail sont connues des femmes galantes.

Le musc et le camphre sont impitoyablement tenus aux portes des sanctuaires de l'amour; la violette, la rose, l'héliotrope, le réséda, les mille-fleurs, le foin, l'œillet, le thym, la giroflée et la julienne nous fournissent des essences recherchées et diversement appréciées, suivant l'effet que chacune d'elles produit sur le cerveau et les nerfs de la femme qui veut plaire et provoquer des désirs.

Nous connaissons des hommes qui sont mis dans l'impossibilité de sacrifier à n'importe quelle déesse, quand ils se trouvent dans une chambre dont l'atmosphère est saturée de molécules odorantes, de camphre, de tabac, de musc, de géranium et de fleur d'oranger (sans allusion).

Pourquoi ces antipathies?... Je répondrai à cette interrogation par une autre : Pourquoi a-t-on tant de goûts différents?

Et puis, avez-vous songé à ce qui arriverait si tous les hommes avaient les mêmes goûts pour les mets ? On s'arracherait le plat privilégié, on ne sentirait qu'un parfum, on n'aimerait qu'une catégorie de femmes pour la possession desquelles on se couperait la gorge ; tandis que l'immense quantité des autres, non moins jolies, seraient traitées avec cette indifférence brutale qui caractérise l'égoïsme indélicat du mâle dans la lutte pour l'existence.

L'homme, heureusement, n'est qu'un gros bourdon butinant par-ci par-là sur l'adorable bouquet de fleurs humaines, si délicieusement et si diversement parfumées.

En supprimant tout d'un coup le sens de

l'olfaction chez l'homme, on lui enlève les trois quarts de ses jouissances.

Ceux qui ne perçoivent pas les odeurs sont comme ceux qui n'ont jamais vu la lumière, il leur est impossible de se rendre compte du bonheur qu'il leur est interdit de goûter.

Que deviendrait même le gourmand sans l'odorat ; comment percevrait-il l'arome de ses mets recherchés et le bouquet de ses vins fins ? Il serait réduit à manger du sucre et du sel toute sa vie et à boire n'importe quelle liqueur acidulée, même du *picolo*.

Quand les infirmités olfactives viennent accabler les humains, elles modifient leur existence de fond en comble.

**La Bromidrose pedum du roi Soleil.** — Nous n'avons pas à nous occuper des odeurs du corps à l'état morbide ; mais nous ne pouvons passer sous silence, après avoir parlé de l'ozène, une autre maladie affreuse et non moins repoussante : la *bromidrose pedum*, affection assez fréquente qui compte plusieurs degrés d'intensité.

La bromidrose βρῶμος, puanteur et ἱδρώς, sueur, sueur fétide, atteint quelquefois un degré d'intensité qui force le malade à l'isolement.

La puanteur des pieds ne tient pas, dans sa cause physiologique, à la malpropreté; elle tient à un état morbide spécial contre lequel tous les remèdes ont échoué jusqu'à présent.

D'après Fragon, Louis XIV était atteint de cette infirmité qui allait jusqu'à éloigner de sa personne royale les courtisans les plus empressés.

Henri IV avait la même maladie, ce qui ne l'empêchait pas de *découcher*, à la grande satisfaction de la reine Marguerite, qui pardonnait plus facilement à son époux ses légendaires infidélités, que la royale senteur de ses royaux orteils.

Un jour, dit Tallemant, madame de Verneuil lui dit : « Bien vous en prend d'être roi; sans cela, on ne vous pourrait souffrir, vous puez comme charogne ».

Une femme peut aimer passionnément un manchot, un bossu ou un amputé des deux pieds ou des deux mains; elle ne saurait être longtemps amoureuse d'un homme qui sent mauvais du nez, des pieds ou de la peau, en général.

Hébra pensait que cette infirmité tenait plutôt à l'abondance de la sécrétion sudorale qu'à la réelle altération des produits sécrétés.

Nous pensons, avec Monin, qu'elle est due aux acides gras caproïque et caprinique, dont la décomposition est favorisée par les chaussures et par l'adhésion des orteils entre eux (*Odeurs du corps humain*). Au point de vue pathologique, nous recommandons aux médecins praticiens la lecture de cette brochure qui vient d'obtenir le prix biennal de la *Société de médecine pratique*.

**Le parfum des troupes allemandes**. — La bromidrose, ajoute notre savant confrère, est fréquente, et elle est souvent héréditaire. En France, elle est un cas d'exemption du service militaire actif. Il n'en est pas ainsi en Allemagne, où elle est si fréquente que l'on a été obligé de prescrire, aux troupes, l'usage d'une poudre salicylée réglementaire désodorante.

Les odeurs de la peau, quelque peu soufrée, surtout chez les rousses tavelées, sont loin d'être désagréables pour tout le monde. Une femme qui exhale une odeur qui nous déplaît est recherchée par un autre, qui passe indifférent auprès de celle que nous aimons et qui nous enivre.

Bon nombre de ces blondes tavelées ont le système pileux très développé, les cheveux abondants et longs, le corps blanc et velu ; et répandent une odeur aigrelette et pénétrante, comme celle des rhumatisants.

Quelques hommes recherchent ce parfum piquant et les caresses énergiques, quelque peu brutales, de ces femmes ardentes, souvent très riches en amour et en santé.

Il ne faut donc pas, encore une fois, juger en dernier ressort de la bonne ou de la mauvaise odeur d'une femme. Toutes les femmes sentent bon puisque toutes les femmes sont aimées ; il n'y a là qu'une question de *goût* olfactif personnel et impossible à généraliser.

On nous dira : il y a des pays, comme l'Espagne et l'Italie, où les brunes sont en grande majorité ; il en est d'autres, comme l'Angleterre, où les blondes dorées priment.

Cela ne signifie rien. Toutes les brunes n'ont pas le même parfum ; toutes les blondes ne sentent pas l'ambre, la violette ou le musc.

Donc, tous les parfums du corps humain sont diversement recherchés et appréciés à l'état sain, quoique sensiblement modifiés dans leur intensité ou leur nature, par les lois physiologiques auxquelles ils sont soumis, lois physiques et morales que nous connaissons déjà : calorique, névroses, sentiments, passions, etc, etc...

Mais il n'en est pas de même dans les cas de maladies proprement dites.

Dans ces cas le parfum peut être absolument détruit et remplacé par une odeur insupportable pour tout le monde.

# CHAPITRE XV

## LES HALLUCINATIONS DU SENS DE L'OLFACTION
## LE DIVORCE
## ET LES FEMMES CALOMNIÉES PAR LES HOMMES

Le sens de l'odorat est sujet à ce que le professeur Béclard appelle des *sensations subjectives;* mais ces sensations, ou hallucinations proprement dites, sont moins connues et moins fréquentes que celles de l'ouïe et de la vue.

Cela explique encore, en faveur de notre thèse, pourquoi les amours sanctionnées par l'olfaction résistent beaucoup plus longtemps que les autres amours aux tempêtes intellectuelles et morales, que suscitent quotidiennement à l'homme, les infirmités et les jouissances de la vie.

Dans les cas d'hallucination du sens olfactif, l'amour peut éprouver un choc terrible, et quelquefois disparaître dans le tourbillon des passions qui agitent le cœur humain.

Une femme était adorée hier, elle ne l'est plus aujourd'hui, sans qu'elle ait rien fait pour cela. Elle était sentie et respirée avec amour ; elle est repoussée sans pitié, presque avec dégoût ; et, malgré toutes ses qualités et ses charmes de la veille, qu'elle possède toujours, son empire est à jamais perdu.

On a peine à se figurer la souffrance éprouvée par cette pauvre victime d'une maladie subite, et souvent incurable, de son époux.

Cette dépravation du sens de l'olfaction est quelquefois si grande que les malades, qui sont loin de se croire malades, n'ont plus conscience des odeurs qui leur plaisaient. et ne perçoivent que des odeurs imaginaires extrêmement désagréables, ou, ce qui est plus rare, constamment agréables.

S'il n'y avait que perte de la perception des bonnes odeurs, en écartant les mauvaises, on préviendrait les cas de répulsion ; mais il y a perte de ce qui plaisait, et faculté considérable de sentir, non seulement les mauvaises odeurs présentes, mais aussi, et surtout, celles

qui n'existent que dans l'imagination des
malades.

Lorsque cet état s'exagère et se perpétue, il
est souvent accompagné de perte plus ou
moins grande des facultés intellectuelles, et
même de la folie.

Mais entre les points extrêmes de cette
affreuse maladie, on compte mille stations
diverses, où s'engendrent les tourments et la
douleur de celui des deux époux, ou amants,
qui n'a subi aucun changement d'état psychologique ; car cette maladie est une maladie de
*l'âme*, comme l'appelaient les anciens, et que
la science a classée depuis longtemps au rang
des troubles encéphaliques.

Lorsque le malade change de conduite d'une
manière imprudente on peut supposer la cause
du mal ; lorsqu'il se présente avec tous les
dehors d'une santé bien équilibrée, personne
n'a le droit de le croire en train de devenir
fou, ou sous le coup d'une congestion plus ou
moins persistante, et l'antipathie qu'il éprouve
pour sa femme suit une marche ascendante
régulière.

Les deux époux ne se comprennent plus ; la
femme comprend encore le mari, mais le
mari ne comprend plus la femme, et celle-ci

ne constate qu'aigreur et méchanceté de la part de celui qui ne pense même pas à se demander pourquoi il n'aime plus sa femme.

S'il pensait à se poser cette question, peut-être que, le raisonnement aidant, il reconnaîtrait ses torts, en constatant son infirmité récente; mais il ignore le malheur qui le frappe et qui, par contre-coup, frappe son innocente compagne.

Cette maladie, très rare du reste, se termine généralement par des accidents cérébraux; mais sans reconnaître, dans le plus grand nombre des cas, la cause première du mal, dans le premier symptôme qui vient éclairer le diagnostic. On a allégué les grandes secousses morales et les excès vénériens; la peur, les coups violents sur la tête, qui peuvent aussi provoquer la diplopie et même l'angine de poitrine.

La perversion de ce sens est souvent moins grave et se borne à la satiété; c'est à-dire que le sens olfactif s'émousse et que les impressions diminuent d'intensité de jour en jour, jusqu'au moment où elles disparaissent complètement.

**Séparation morale des époux** — Dans ce

cas, le travail de désorganisation psychologique est double et se fait en commun par les deux amants qui se quittent fatigués, blasés l'un de l'autre et aspirent à recouvrer leur liberté respective.

S'il y a mariage, c'est la séparation à l'amiable et le divorce; s'il n'y a pas de liens indissolubles, c'est la séparation après déjeûner, suivie de l'oubli général après dîner.

Si l'un des deux époux vient à mourir à ce moment-là, on peut être sûr que le deuil de l'autre est fait.

On a dit que, dans les cas ordinaires, le deuil de la femme était généralement plus douloureux et plus sincère que celui du mari.

Il est difficile de juger ce procès moral, et d'affirmer que la veuve regrette toujours son mari, surtout, si ce mari était prédisposé aux cas fréquents d'hallucinations olfactives. A défaut d'esprit personnel, tirons-nous d'affaire avec l'esprit des autres.

Pierre Véron, le spirituel directeur du *Charivari*, a dit un jour :

« A entendre les discours des veuves, il en serait, d'un mari mort, comme du vin qui devient meilleur à mesure qu'il demeure plus longtemps en bouteille. »

**Ménage à trois.** — Il y a encore un autre danger pour l'un des deux époux. C'est le cas où une personne étrangère vient élire domicile dans la famille ou y est reçue fréquemment.

Nous n'avons qu'un conseil à donner aux femmes qui tiennent à conserver leurs maris ; c'est de ne pas admettre d'autres femmes, surtout des femmes plus jeunes qu'elles, dans leur intimité, si elles ne veulent pas s'exposer à ce que ces bonnes amies soient bientôt admises plus intimement encore dans l'intimité de leurs maris... Les hommes sont si can...

Mais ce n'est pas là tout le danger, c'en est une partie seulement. La seconde consiste à ne pas trop souffrir la présence assidue d'un ami auprès de sa femme, soit au salon, soit à la promenade, au spectacle, au bal, etc... On a beau dire : c'est mon meilleur ami !... Sans doute... c'est toujours celui-là !... Ce n'est pas celui qui ne va jamais chez vous.

Quand on aime les mêmes mets, qu'on recherche les mêmes plaisirs, on est bien près d'aimer et de rechercher les mêmes parfums.

C'est si vite transmis une molécule odorante détachée d'un beau trapèze ou d'un blanc et délicieux paucier féminins... même dans le gymnase intime et particulier d'un ami..., d'un *excellent* ami!... Plus tard, on se repent quelquefois, on pleure, on se désole, on se reconnaît lâches et misérables ; mais le sacrifice est accompli... et... souvent, les sacrificateurs sont blasés.

Il est bien entendu que l'hallucination du sens de l'olfaction n'entraîne pas, à sa suite, tant de désordres amoureux. Il ne faudrait pas rejeter sur le dos de cette aimable pathologie humaine, si complaisante, toutes les causes qui amènent les amants à se tromper mutuellement ; ce serait trop commode !

Et *le libre arbitre !...* qu'en feriez-vous.

M. Naquet est l'homme qui a rendu le plus de services aux époux, non pas seulement en leur procurant le divorce, allons donc !... Naquet n'est pas un chirurgien, c'est un hygiéniste et un philosophe avant tout ; et il n'ignorait pas que son institution serait plus préventive que médicale.

**Le Coucou du ménage.** — Un exemple, un seul, dont personne n'a parlé, et où le nez, comme finesse, n'est pas encore à négliger pour suivre les marches et contre-marches des braconniers matrimoniaux. Ces hommes qui butinent sur toutes les fleurs ressemblent aux papillons : ce sont des chenilles habillées.

Les causes du divorce sont nombreuses, mais la principale de toutes, ah ! tant pis, messieurs, il faut subir la vérité dans son costume primitif, c'est le cas ou jamais, la principale cause du divorce vient des hommes, vient de nous.

Nos vices, nos gentils petits vices que nous cachons si adroitement, et nos passions que nous voulons satisfaire en joyeux contrebandiers, sont les bases de la dislocation des ménages.

Et puis, on a une bonne petite femme, bien jolie, bien douce, un peu *naïve*, un peu *bébête*, comme on dit dans l'intimité ; mais on ne l'aurait pas voulue plus instruite, cela se comprend : c'est un axiome.

Cette bonne et douce créature, qui ne pense qu'à son mari et ne vit que pour lui, s'aperçoit, un beau jour, que ce *chérubin* de mari est un gros égoïste qui n'aime que sa personne et ses plaisirs, qui ment à sa petite femme, quand il se dit attendu à son cercle, et qu'il l'est chez Bignon ou chez Brébant.

D'abord, la pauvre petite souffre.

Je sais bien qu'il y a des exceptions ; mais

j'affirme que sur cent cas de pendaison, l'homme serait sûrement pendu quatre-vingt-quinze fois, et c'est une juste moyenne.

Que de maris qui, négligeant les principaux facteurs du mariage, n'ont jamais tourné à temps les feuillets du *Grand livre de la Femme*, où sont inscrits les versets de l'âme et du bonheur conjugal.

Mais que voulez-vous, mesdames, ces gredins d'hommes sont tous les mêmes... et dire que vous nous aimez encore après tant de crimes et de délits!... que vous êtes bonnes!

Mais continuons, votre légitime vengeance approche.

Après plusieurs mois, plusieurs années même d'abandon, il se trouve un beau cousin, ou un beau cavalier quelconque, dans un bal à la Mairie, à la Préfecture, au Ministère ou à l'Élysée, quoiqu'on ne danse guère aujourd'hui dans le palais des rois; c'est peut-être un bon signe du présent et de l'avenir.

Ah! la valse, la valse!... c'est, comme les duos au piano, la complice de tous les amoureux!

Ce jeune cavalier est revenu voir sa charmante danseuse, s'est fait l'ami de la maison en flattant la manie du mari; tous les hommes ont une marotte, et les maris sont des hommes.

On parle des dernières œuvres publiées par ce brave époux, si c'est un auteur ; on le vante, on cite quatre lignes de sa prose, il est vaincu ; c'est si orgueilleux un auteur !... Qu'on me nomme un candidat qui n'ait pas conquis une boule blanche, dans un examen, en citant le titre d'un livre qu'il n'avait jamais lu. Bref, le *Coucou*, car c'est ainsi que nous appelons cette légion d'oiseaux de mauvais augure qui pondent dans le nid des autres, le *Coucou* revient quand il veut... et il veut souvent !... La pauvre femme *bébête* rencontre un homme qui la traite intelligemment, qui lui démontre que son mari possède tous les défauts contraires à ses qualités, qui plaide chaleureusement la cause des âmes tendres et incomprises vouées à l'abandon, par l'indifférence égoïste d'un jouisseur éhonté qu'on a vu là et là, au bois avec Eugénie ou Lauritza, regrette que la pauvre délaissée ne soit pas libre pour l'épouser, ils seraient si heureux ensemble ! etc., etc. Vous savez, à peu près tous, comment cela se pratique chez les autres... ; c'est pourquoi vous ne croyez pas la chose possible chez vous.

La pauvre femme fait une concession, puis deux, puis trois... puis elle en fait ensuite pen-

dant plusieurs kilomètres... Et le mari????
Cherchez-le là-dessous !

Voilà où en étaient les choses avant le divorce quand la femme, obligée de tout sacrifier à perpétuité, prenait des a comptes sur la dette tunisienne contractée envers elle par son mari.

Mais, aujourd'hui, ce n'est plus ainsi que les choses se passent.

Quand le *Coucou* jette sa flamme de tous côtés, la jeune épouse lui donne la réplique en ces termes :

« Oui, mon Octave, oui mon Arthur, je t'adore comme tu m'adores, je t'aime comme tu m'aimes et je suis impatiente de t'appartenir. Je vais renvoyer la bonne de mon mari qui va me souffleter, je lui intenterai un procès en séparation et en divorce... Dans six mois, dans un an nous serons libres, nous nous marierons ensemble et cueillerons des lauriers et des roses pendant toute notre vie... nous... nous... »

La déclaration se termine là ; la comédie est jouée et l'amoureux parti.

Le *Coucou* veut bien pondre chez les autres; mais ne veut pas que les autres pondent chez lui.

Voilà surtout la grande solution morale du

divorce; celle qui rendra l'application de la loi peu fréquente.

La femme, même délaissée, ne se donne pas au premier venu. Quand elle verra l'effet que le mot divorce produit sur son adorateur, elle sera fixée... et la sécurité du mari aussi... Remerciez donc M. Naquet, messieurs, et négligez moins vos femmes... si vous les négligez !... car elles valent mieux que vous... et vous le savez mieux que moi !

*« Le cœur de l'homme vierge est un vase profond.*
*Lorsque la première eau qu'on y verse est impure,*
*La mer y passerait sans laver la souillure,*
*Car l'abîme est immense et la tache est au fond. »*

Alfred de Musset.

# UN SECRET PROFESSIONNEL

## LA SYNCOPE SIMULÉE OU LA RUSE FÉMININE

———

*Qu'est-ce que la Femme?*

*C'est un chameau que le bon Dieu a donné à
l'homme, pour lui aider à passer le détroit de la
vie.*

UN TURC. (Coran.)

*C'est un fleuve aux ondes parfumées changeant
souvent de lit et grossissant dans son cours.*

UN FRANÇAIS.

Et les syncopes simulées! nous crient quelques maris grondeurs; croyez-vous que nos
femmes se privent de nous les servir, quand,
par hasard, nous ne leur avons pas octroyé,

13.

séance tenante et sans observations, toutes les
libertés qu'elles nous demandaient?

Je n'ai pas le droit d'opposer à ces paroles
un démenti formel; mais j'ai celui d'y répondre.

Voyons, messieurs, que faisons-nous quand
nous sommes en colère?... Des bêtises! C'est
vrai, nous faisons et disons des bêtises, qui
nous font souvent un grand tort et causent à
ceux et à celles qui nous aiment beaucoup de
chagrin.

Croyez-vous que la douleur que la femme
éprouve, d'un mot trop sévère que nous lui
adressons, ne suffit pas pour jeter en elle un
trouble général intense dans le champ délicat
de son organisation sensible et nerveuse?...
Cela et beaucoup d'autres choses dont on souffre
en silence, oui, messieurs,

L'émotion vive peut engendrer la syncope,
chez nos sensitives amies, tout aussi sûrement
que la senteur d'une ou de plusieurs odeurs
trop fortes ou antipathiques.

Ces odeurs mêmes, qui rappellent certaines
femmes à la vie, accablent les autres et les
plongent dans le plus profond anéantissement.

Sont-elles moins courageuses que nous?

Non. Exemple :

Lorsqu'il faut vous faire la moindre piqûre dans un furoncle ou un abcès sous-cutané, on vous endort ou vous jurez comme des templiers, criez comme de grands enfants et mettez la maison sans dessus dessous.

La femme souffre en silence dans la crainte de faire souffrir ceux qu'elle aime. Dans les opérations les plus graves, elle reste digne et presque calme, se laissant fouiller les chairs à coups de bistouri sans jeter de ces cris féroces dont l'homme a le triste privilège.

Nous cassons, crions, jurons...

La femme se tait, souffre et pardonne...

Sommes-nous les plus forts ?

Voilà la vérité ; mais continuons.

Chez nous, le mouvement, provoqué par la colère ou le dépit violent, déborde par les gestes et la parole ; chez la femme, toutes ces forces se concentrent et se renferment dans les domaines de ses nerfs surexcités.

Mais les forces ne se détruisent pas, ni les forces nerveuses ni les autres ; elles se transforment. Le calorique fait de la vapeur qui engendrera le mouvement qui doit dévorer l'espace. La force nerveuse engendre des foyers nombreux de tensions morales et physiques. La violence des forces morales rompt l'équilibre de l'organisme féminin, comme la violence des forces physiques rompt l'équilibre de l'organisme masculin, le mieux ordonné : l'homme tombe mort par la rupture d'une artère ou d'un anévrysme; la femme est anéantie par les organes sensitifs qui sont la base de sa délicate et tendre nature. Le premier meurt de sa force, la seconde de sa tendresse. Le premier meurt d'un coup de foudre qu'il a provoqué; la seconde, toujours passive, est tuée par un *choc en retour*.

Nous usons du sang, messieurs, mais la femme use des nerfs... Ne l'oublions jamais, si nous voulons avoir quelques droits à sa reconnaissance et aux douces échéances de son cœur.

La femme qui nous aime, et notre femme nous aime toujours, quand elle se sent aimée, n'a pas recours à ces ruses blâmables des syncopes simulées pour nous attendrir ou fléchir notre rigueur; elle a pour nous combattre et nous vaincre des armes beaucoup plus sûres et beaucoup plus loyales que celles-là.

Mais supposons pour un instant, si vous le permettez, mesdames, supposons qu'il y ait au monde une seule femme capable de simuler une syncope. Comment s'en apercevoir? Ah!

nous touchons le point brûlant de la question, et... je dois dire... il faut que je dise... je suis forcé *d'avouer... que je n'ai jamais constaté un seul cas de syncope simulée chez aucune femme...* Ouf !

Mais en revanche, j'en ai constaté beaucoup chez des jeunes filles capricieuses, volontaires, impatientes, jalouses, méchantes même, oui, méchantes !... Oh ! de toutes petites filles, pas grandes du tout... *presque inconscientes.*

Et puis, pourquoi se servaient-elles une bonne petite attaque de nerfs bien conditionnée, bien orchestrée, avec une belle et savante mise en scène ?

Ah ! dam, c'est que *papa* et *maman* avaient été cruels pour leur *innocente et douce* enfant ; ils lui avaient refusé des bijoux, des rubans, des robes, des chapeaux, des billets de bals, de spectacles, etc., etc..., toutes sortes de choses qu'on ne refuse pas à *sa fille* quand *on l'aime.*

Aussi, la pauvre enfant se voit contrainte de se trouver mal et d'effrayer tout le monde pour obéir à son *petit* orgueil et à son *léger* amour-propre, qu'elle appelle *sa dignité personnelle !*

Il est bien entendu qu'il ne s'agit ici que d'une *petite fille*, d'une *toute petite fille.*

Voici un tableau fidèle de la petite comédie dramatico-comique jouée en famille par la belle enfant qui jette un cri perçant, laisse tomber bruyamment un objet qu'elle avait eu la précaution de prendre, ou casse une assiette, renverse une chaise et tombe *sans connaissance* dans les bras... d'un fauteuil ou d'un solide gaillard qui se trouve toujours là pour la recevoir et la préserver de toute contusion brutale et douloureuse. Là, bien assise, ou moelleusement soutenue par deux bras forts et bien arrondis, la pauvrette se commande énergiquement l'immobilité la plus absolue; sa volonté de fer en impose momentanément aux poumons qui se dilatent à peine, et au cœur qui n'ose plus manifester la vie qu'avec dissimulation... Les membres se tiennent constamment dans une immobilité complète; les joues pâlissent; les pommettes se teintent légèrement; les lèvres se pincent et s'amincissent dans leurs commissures; les paupières semblent hermétiquement closes; les extrémités des doigts se refroidissent comme la grande hélice du pavillon de l'oreille, qui se glace et perd de sa transparence ordinaire.

Les assistants s'effraient; toute la maison est dans un branle-bas de combat général...

un domestique, ruisselant de sueur, arrive et crie : « Le docteur ! »

La scène change ! tous les yeux se portent de l'*enfant* au médecin, qui, voyant la pâleur, souvent considérable, de la *petite fille*, s'empare du pouls de la malade. Le doigt fixé sur l'artère radiale ou sur la carotide, il explore et s'apprête à conjurer le danger ; quand, tout à coup, sous ses lunettes (il faut toujours des lunettes dans ces cas-là), on voit son regard briller ;... d'un signe, il éloigne tous les curieux, et même les parents, dans l'intérêt moral de la *petite fille* toujours immobile. L'indulgent médecin de la famille, après avoir consulté sa montre à secondes, s'être assuré que si le pouls est considérablement affaibli dans ses pulsations, il n'a subi aucune atteinte dans sa marche suprême et rhythmique, le médecin, convaincu que personne ne peut l'entendre, dit à l'oreille de la *toute petite fille* : « C'est mal, mada... *mon enfant*, c'est très mal d'attrister ainsi sa famille, et ce serait d'un très mauvais cœur que de provoquer la répétition de cette douloureuse comédie ;... relevez-vous et ne recommencez plus... » Et la *petite* se relève !... guérie et confuse.

Voici maintenant *un secret professionnel*.

N'allez pas me dénoncer au procureur de la République, ou je ne vous dis plus rien :

Tous les phénomènes de la vie sont régis par deux grands moteurs : *les nerfs de la vie animale ou de relation,* et *les nerfs de la vie organique.*

Les premiers nous mettent en rapport avec les choses du dehors, soit directement, comme le toucher, l'olfaction, le goût, l'ouïe ; soit un peu moins directement, comme la vision, qui réclame le secours de la lumière pour se manifester.

Toutes ces sentinelles de relation rapportent au sensorium les nouvelles du dehors, et transmettent, aux muscles chargés du mouvement, les ordres provenant des déductions, des comparaisons et des combinaisons du cerveau.

Deux courants, comme dans la télégraphie : un, courant gris, apporte la dépêche à *l'employé* qui est dans le cerveau; l'autre, courant blanc, transmet la réponse au dehors.

Supposez que le *cerveau* est *Paris,* qu'il est plein de bureaux et d'*employés vigilants ;* que les nerfs qui se manifestent à l'infini dans nos tissus représentent les milliers de fils télégraphiques rayonnant dans tous les départements de France, d'Algérie... et du Tonkin ; vous aurez une idée précise de l'ensemble du système nerveux.

Maintenant, voulez-vous savoir comment les dépêches de cet admirable télégraphe organique se transmettent à la *gare centrale*, voici :

Qu'arrive-t-il lorsqu'une goutte d'eau bouillante nous tombe sur l'épiderme du pied?... La dépêche brûlante arrive directement au cerveau, qui juge le danger, déduit des conséquences et commande à la main d'aller faire disparaître la goutte d'eau qui brûle le pied.

Tout cela, en moins de temps qu'il m'en faut pour vous l'expliquer.

Ajoutez que ce télégraphe a des bureaux de contrôle où les dépêches sont renvoyées, pour y être soumises à une collation, à laquelle échappent généralement les dépêches de nos réseaux télégraphiques.

Les seconds, *les nerfs de la vie organique*, régissent le cœur, le poumon, l'utérus, le cerveau, ainsi que tous les autres organes indispensables à la vie; mais ils ne sont pas, comme ceux de la vie animale et de relation, sous la puissance du cerveau...

Heureusement pour nous, et... pour... les *petites filles* dont nous avons parlé. Car, supposez, un instant, que le *grand sympathique*, comme nous l'appelons, parce qu'il faut donner un nom à tout, soit notre esclave.

Nous pourrions, à volonté, arrêter le mouvement et la fonction des poumons ; mais ce serait courir à une mort certaine par l'asphyxie durant le sommeil, à moins que nous puissions *remonter* l'instrument pour tant ou tant d'heures... et encore ! qui n'oublie pas de remonter sa montre ?

Il en serait de même pour le cœur, dont l'arrêt de quelques secondes entraîne une mort foudroyante.

La *petite fille* en question peut bien modifier, durant quelques minutes, les grands phénomènes de la vie ; mais elle ne pourra jamais en changer la marche ni le rhythme.

*Notre petite fille*, en se tenant dans un état d'immobilité aussi complet que possible, avait pu atténuer l'*ampleur* du pouls ; mais n'avait exercé aucune influence appréciable sur la régularité de ses battements. C'est pourquoi le médecin ne peut jamais être induit en erreur.

On ne tombe pas plus en syncope à volonté qu'on n'accouche volontairement.

Le cœur, comme l'utérus, ne tiennent aucun compte du commandement et du despotisme du cerveau le plus absolu et le plus ferme dans ses décisions.

Il n'y a rien de mystérieux dans ces admirables phénomènes que la science explique aujourd'hui clairement.

Nous sommes de plus en plus convaincu que l'éducation de l'homme devrait commencer par l'étude de l'homme lui-même.

On nous bourre de mystères indigestes et l'on nous cache les quatre-vingt-dix-neuf centièmes de ce que nous pouvons comprendre.

L'homme court à Lourdes pour y chercher des miracles qui n'y sont pas; quand il peut, en lui-même, trouver l'explication intelligente et la solution raisonnée du plus grand problème de la vie étudiée avec tous ses attributs et toutes ses manifestations.

On est, à la fois, triste et peureux quand on constate le nombre d'hommes qui ont encore *besoin* d'être trompés.

# HYGIÈNE DE LA PEAU

PROPHYLAXIE DE LA PHTHISIE

L'hygiène et la physiologie de la peau doivent compléter l'étude particulière que nous
venons de faire du *Parfum de la Femme*.

De l'état de cette grande enveloppe cutanée
dépend la qualité du parfum individuel.

La peau se compose du derme qui en est la
partie profonde essentiellement vivante, et de
l'épiderme, ou partie superficielle insensible et
morte.

Après avoir recouvert tout le corps, la peau
repasse dans le nez et la bouche et forme le
tube digestif. Les mucus de la bouche, de
l'estomac, du tube intestinal sont des produits
de sécrétion intérieure de la peau, comme la

sueur et la matière sébacée en représentent la sécrétion extérieure. L'arrêt ou l'exagération d'une de ces deux sécrétions est une cause de perturbation qui peut engendrer les désordres les plus graves et souvent la mort.

Non seulement la peau constitue le crible organique le plus précieux, mais elle est aussi le plus puissant facteur de la santé, le régulateur le plus précis des phénomènes de la vie.

En attendant l'heure de l'extinction de la misère physiologique, dirigeons contre ce terrible fléau du genre humain la plus sûre et la plus salutaire de nos armes prophylactiques : l'*Hygiène*, et, surtout, l'*hygiène de la peau.*

Le tubercule primitif ne naît pas avec la stabilité qu'on lui suppose ; il ne naît que pour dégénérer à l'instant et mourir. Il est presque mort en naissant, dit le professeur Pidoux. Il faut expulser promptement son cadavre. On peut favoriser indirectement cette dégénérescence et cette expulsion en activant le travail physiologique de la peau.

Ce tubercule, si justement redouté et si souvent redoutable, naît d'une cellule embryonnaire, qui, comme tous les créateurs physiologiques, meurt en donnant naissance à la créatuer.

Dans le cas actuel, la créature est mort-née puisque la cellule qui l'engendre provient d'un milieu mortellement attaqué par la misère physiologique.

Il faut éliminer ce tubercule, devenu corps étranger à l'organisme, et qui passe promptement à l'état graisseux, dégénérant en pus mort et concret.

Cette élimination ne peut se faire que par les voies générales de sécrétion et surtout par la sécrétion cutanée.

La peau doit donc être l'objet de notre attention soutenue, car elle contribue, pour une large part, à l'accomplissement régulier des phénomènes de la Respiration.

Il faut modifier les milieux cutanés si l'on veut modifier le sang.

Lorsque les poumons sont malades, l'hématose est incomplète; le sang noir, mal oxygéné, ne se transforme plus en sang rouge. De là, cet engorgement des poumons et des tissus, l'œdème et les stases sanguines désastreuses: la vie s'étiole et s'éteint vite dans cet état, lorsque la peau n'est pas mise au service des actes respiratoires généraux.

La surface cutanée a besoin d'être préparée à cet état physiologique, car, en pareil cas, c'est d'elle que les poumons attendent des secours et que l'organisme tout entier attend de la vie.

La peau ne respire bien que lorsqu'elle est parfaitement pure, parfaitement propre.

Son état de propreté ne se borne pas à sa surface, mais aussi, et surtout, à son épaisseur, où se rencontrent les organes sécréteurs qui sont les *follicules sébacés* qui sécrètent une matière grasse plus ou moins abondante ; et les glandes sébacées, glandes de la sueur, qui sont plongées dans la partie la plus profonde du derme et jusque dans le tissu cellulaire sous-cutané.

Ces follicules et ces glandes ont des conduits excréteurs qui viennent s'ouvrir à la surface libre de la peau, sous forme de petits pertuits qu'on appelle *pores*.

Tous ces orifices et canaux de la peau, remplis de matières et de liquides sébacés, réclament des soins tout particuliers.

Ces milliers de cavités et de canaux d'excrétion constituent les trous du crible organique ; mais il faut éviter l'obstruction de ces trous nombreux qui constituent autant de portes au moyen desquelles on peut enfermer le loup dans la bergerie.

Que d'odeurs désagréables de la peau qui ne sont dues qu'à la malpropreté de ces microscopiques canalisations! Que de surfaces cutanées bien lavées, bien soignées qui conservent une odeur de beurre rance, de bouquin ou de lait aigre constamment entretenue par la malpropreté des pores de la peau.

Les bains simples ne sont pas les lavages de la peau ; ils n'en sont que les coups de brosse. On époussète l'épiderme et les orifices des pores de la peau ; mais l'on n'extirpe pas les matières de sécrétion corrompues et profondément logées dans l'épaisseur du derme et des couches vivantes du crible organique.

Un paysan, qui ne prend jamais de bains, mais qui transpire tous les jours de la tête aux pieds, a la peau dans un état physiologique plus parfait que la femme rigoureusement propre, dont le travail physiologique de la peau est presque nul et qui prend, cependant, un grand bain ordinaire tous les jours.

Que de névralgies, de névroses, de vapeurs et de constipations opiniâtres vaincues par les lois seules du calorique appliquées à l'hygiène et à la toilette de la peau.

Pour les habitués du *Hammam,* plus de typhus latent ni de fièvres larvées donnant constamment à l'haleine, surtout à celle du matin, une odeur fadasse et souvent nauséabonde.

L'arthritisme, l'herpétisme, la scrofule, la syphilis elle-même aboutissent trop souvent, par hérédité, à la phthisie.

La phthisie dépend moins souvent de la phthisie que de beaucoup d'autres maladies constitutionnelles et héréditaires.

D'après le professeur Pidoux on compte 20 pour 100 de phthisiques, nés de phthisiques, et 5o à 6o pour 100 de phthisiques nés par voie de métamorphose régressive ou par voie d'*hérédité atavique*, comme dans l'herpétisme et la goutte.

L'hygiène de la peau trouve, ici surtout, son application. Il faut suer légèrement pour se bien porter, mais ce qu'il faut surtout faire, c'est entretenir les pores de la peau dans le plus parfait état de propreté par la fréquentation régulière et hebdomadaire du *Hammam*.

Il y a des phthisies qui durent trente ans; il y en a qui durent trente jours (Pidoux).

Les bains de vapeur ordinaires ne ressemblent en rien aux bains d'air graduellement chauffés.

Des bains de vapeur, on sort tout rouge

comme un homard cuit et avec une peau dont la sensibilité est exagérée.

Certaines femmes, qui ne peuvent supporter un bain de vapeur à la température de 40 à 50 degrés centigrades, supportent aisément des bains d'air chaud à 60 degrés.

On peut aller jusqu'à 70 et même 80 en moyenne; la dernière limite est 100 degrés.

Les bains de vapeur n'agissent que sur la peau en rompant brusquement l'équilibre des lois de la sudération.

Les bains d'air chaud agissent plus rationnellement en modifiant simultanément les voies respiratoires et cutanées et en purifiant plus radicalement le *Parfum de la femme* tant au point de vue de l'haleine que des sécrétions normales de la peau.

La vie des malades peut se prolonger par la sudération habilement provoquée, sans les inconvénients du refroidissement, et le massage raisonné du corps et des membres.

Les nègres, transportés de leur pays en Europe, meurent presque tous de phthisie, surtout dans les contrées du centre et du nord. Cette mort est le résultat du travail incomplet de la peau, dont les pores se resserrent au contact de l'air froid et humide qui règne en permanence dans ces pays glacés.

Beaucoup succombent aussi de laryngites et de péritonites chroniques.

Des bains d'air chaud et des massages triompheraient de ces accidents morbides en rendant à la peau ses facultés physiologiques et aux vésicules pulmonaires leur élasticité.

Nous empruntons, aux archives agricoles de Lens, l'exemple suivant qui sanctionne péremptoirement ce que nous venons de dire :

« Decrombecque, de Lens, qui a laissé un nom dans l'agriculture, achetait, pour ses travaux des champs, des chevaux poussifs dont il tirait grand profit en travail et qu'il revendait souvent avec bénéfice. »

« Dès leur arrivée dans ses écuries, il faisait *laver* et *raser* les chevaux à fond pour faciliter les fonctions de la peau, la rendre plus souple, plus perméable. »

« Il soumettait ensuite les chevaux à une alimentation composée de tourteaux, avoine, foin haché, paille hachée. La paille était humectée, mise à fermenter pendant vingt-quatre heures et mélangée au tourteau. »

« L'usage du tourteau avait pour effet de remplacer une forte proportion de foin et de paille par un aliment plus concentré, et de diminuer, par conséquent, le volume de la ration en même temps que son poids. »

« A ce régime les chevaux poussifs sont rapidement guéris et rendent tous les services qu'on peut attendre de chevaux achetés beaucoup plus cher. »

« Il est donc essentiel de maintenir la peau en parfait état de propreté, afin qu'elle conserve toute son énergie. »

ED. LOSSON.

Les personnes oppressées, asthmatiques, *poussives*, ou atteintes de bronchites et de laryngites chroniques rebelles, ne sauraient, ainsi que nous l'avons dit, apporter trop de soins à l'hygiène des pores de la peau, qui deviennent trop souvent les réceptacles de matières sébacées concrètes et corrompues, empoisonnant l'organisme et paralysant les fonctions cutanées, dont le pouvoir régénérateur peut être si puissant.

La santé est entièrement liée aux fonctions digestives et cutanées.

En conséquence, il est urgent de suivre rigoureusement le régime suivant, si l'on veut acquérir des droits de longévité :

1° Bains complets du *Hammam* tous les huit jours, avec massage, douches chaudes et froides, suivant les âges et les tempéraments;

2° Bains ordinaires quotidiens au chlorure de sodium anisé;

3° Comme régime interne: le *Régime salin*, que nous préconisons dans nos cours de Physiologie générale appliquée à l'Hygiène, et qui consiste à avaler, tous les matins, une pincée de chlorure de sodium (sel marin ou gros sel de cuisine), au moyen d'une ou de deux gorgées d'eau pure.

Ne prendre aucun purgatif; se borner aux laxatifs quotidiens suivants, qui doivent composer le régime hygiénique de toutes les personnes sédentaires et nerveuses.

Desserts, à tous les repas : miel, confitures aux groseilles et aux prunes, mais peu sucrées ; figues, pruneaux et jus de pruneaux; beurre frais et pommes cuites en marmelades ou entières ; groseilles, raisins, fraises et framboises dans la saison.

La constipation, toujours vaincue par ce régime rafraîchissant, est la source d'innombrables maladies, surtout chez les femmes : les congestions, les vapeurs, les spasmes, les palpitations du cœur, les névralgies, les péritonites et les névroses qu'elle engendre sont incalculables ; de là, tant de typhoïdes et d'hypochondries ambulantes sur nos promenades et nos boulevards.

Et puis, il ne suffit pas de prendre des bains, il faut savoir les prendre : leur efficacité tient à la façon dont ils sont administrés.

Les personnes qui suent difficilement devront être plongées dans une atmosphère graduellement et scientifiquement chauffée.

Chez les personnes robustes, les bains d'air chaud suffiront quelquefois : la force centirfuge rayonnant suffisamment vers la périphérie.

Chez les sujets faibles ou déjà prédisposés à l'affaiblissement, chez les grands jouisseurs et les grands viveurs dont l'élasticité cutanée est déjà gravement compromise, il faut y adjoindre le *massage du corps.*

On est étonné de la quantité de matière sébacée noire, putride et corrompue qui sort du corps le plus propre, sous les doigts intelligents d'un *masseur* expérimenté.

Une femme qui sort du *Hammam* ne sent jamais mauvais, son parfum naturel serait-il constamment désagréabie.

Le sang n'a pas d'odeur mauvaise, ni sensiblement particulière, suivant les sujets.

A quoi tient donc l'odeur spéciale de chaque individu, si ce n'est à l'état particulier de sa peau, et, surtout, des cavités profondes de sa peau?

Le parfum naturel des sécrétions des glandes sébacées se modifie dans les conduits excréteurs, sous l'influence de l'oxygène de l'air et de l'air concentré par les vêtements.

La preuve, c'est que bon nombre de brunes et de blondes cendrées, à la peau blanche et aux veinules bleues, sentent la framboise, la violette, l'ébène, l'œillet ou l'ambre quand elles transpirent sensiblement à l'air libre, sans vêtements et les dessous de bras et des cuisses bien aérés. Ces mêmes femmes, les brunes, surtout, sentent une odeur d'épaule de mouton, plus ou moins accentuée, quand elles transpirent sous leurs habits. Cela tient à ce que les huiles volatiles de leur corps se rancissent promptement au contact d'un air chaud légèrement concentré.

Le parfum de la femme peut donc être entretenu sans corruption, au moyen de soins de propreté bien ordonnés.

Si ce parfum est agréable, il le sera davantage par la propreté des mailles profondes du crible organique; s'il est désagréable, on pourra le modifier sensiblement, le changer même, en expulsant de la peau tous les résidus des glandes des systèmes pileux et sébacés dont on fera disparaître les traces odorantes, sous des pluies fines de parfums artificiels pulvérisés, choisis et persistants.

On nous dira ce qu'on nous a dit déjà : Vous indiquez le remède, mais où le trouver ? Faut-il aller en Grèce ou en Turquie ?

C'est triste, ou, plutôt, c'est honteux à dire ; mais aucune ville de France, à l'exception de Paris, ne possède d'établissement de bains répondant à toutes les exigences de l'*Hygiène de la peau.*

Paris même, cette grande et intelligente fournaise humaine, où tant de multitudes viennent se brûler le sang et jouir à la vapeur, Paris n'a qu'un seul établissement de ce genre, le *Hammam* du boulevard Haussmann, et c'est un établissement particulier.

Le gouvernement de la République n'a pas encore su ou voulu établir, dans tous nos grands centres de population, de vastes et hygiéniques établissements, où tous les citoyens seraient *obligés* d'aller raviver leurs tissus et faire des provisions de vie nouvelles.

En multipliant le nombre des *Hammams,*

on diminuerait celui des hôpitaux aussi sûrement qu'on supprimerait autant de prisons qu'on établierait d'écoles nationales... Mais on veut des *guérisseurs* et des *jugeurs,* on veut des gendarmes au lieu d'instituteurs : c'est le vieux jeu !... et, durant toutes ces indécisions plus ou moins hypocrites, la misère physiologique, avec tout son cortège morbifique, épuise les générations humaines avec la plus sourde et la plus implacable continuité.

Ce n'est pas un *Hammam* que nous voudrions voir en France, mais bien des milliers de *Hammams.*

Les États sont de grands empoisonneurs qui énervent les peuples par le tabac et l'alcool; et qui n'opposent rien à l'envahissement de cet empoisonnement général.

Si, malheureusement, la France était obligée de soutenir une guerre longue et meurtrière qui lui moissonnât ses plus beaux enfants, on se demande, si les survivants pourraient engendrer de nouvelles couches sociales assez vivaces, pour combattre les effets désastreux de la sélection naturelle?

L'envahissement des misères physiologiques nous effraie; il dénonce la ruine générale consécutive à l'impuissance nutritive et réparatrice des tissus conjonctifs de l'économie vivante, tant dans les domaines physiques que dans les domaines moraux et intellectuels.

Sous le règne de la *Patache* on avait du muscle ; sous le règne de la *Vapeur* on avait du sang ; sous le règne de l'*Électricité* l'on n'aura plus que des nerfs. Il faut se méfier du *Névrosysme* : c'est un jouisseur effréné qui produit peu et tue beaucoup.

FIN

# DICTIONNAIRE

DU

# PARFUM DE LA FEMME

# DICTIONNAIRE

## DU

# PARFUM DE LA FEMME

---

## A

**Abstrait, e.** adj. — Qui ne peut être saisi, mesuré, limité, déterminé, etc. Opposé de *Concret*. Voir ce mot.

**Acéphale,** ad. et s. — *Acephalus*, de *a* privatif et de κεφαλή, tête, sans tête, et, au figuré, sans intelligence. En histoire naturelle, ordre de la classe des mollusques, comprenant les espèces qui n'ont réellement pas de tête : huîtres, moules, etc.

**Affinité,** s. f. — Chimie ; force en vertu de laquelle des molécules de différentes natures se combinent ou tentent de se *combiner*. V. *Combinaison*. C'est un mariage.

**Aldéhydique**, adj. — Qui concerne les aldéhydes. V. *Aldéhyde*.

**Aldéhyde**, s. m. — Mot formé de *al*, abréviation de *alcool*, de la particule *de*, qui indique absence ou privation, et de *hyde*, abréviation du mot *hydrogène*. Nom générique d'un ensemble de composés correspondant aux alcools dont ils diffèrent par deux équivalents d'hydrogène en moins.

**Allopathe**, s. m. — Médecin qui pratique l'*allopathie*. V. ce mot.

**Allopathie**, s. f. — De αλλος, autre, et παθος, maladie. Méthode de traitement dans laquelle on fait usage de médicaments dont l'action sur l'homme produit des phénomènes morbides autres que ceux qu'on observe chez le malade. C'est le contraire de l'*homœopathie*. V. ce mot.

**Altruiste**, adj. — Qui a rapport à l'*altruisme*. V. *Altruisme*.

**Altruisme**, s. m. (de autrui). — Terme employé par Auguste Comte pour désigner l'état mental opposé à celui qui a reçu le nom d'*égoïsme*. En physiologie, ce terme désigne un ensemble de penchants ou d'instincts qui ont reçu aussi le nom de *penchants* ou d'*instincts sympathiques*, tels que l'attachement ou l'amitié; la vénération ou la bonté. Gall a démontré physiologiquement que ces penchants existent non seulement chez l'homme, mais chez beaucoup d'animaux domestiques.

**Angine de poitrine**, s. f. — *Angina*, de *angere*, suffoquer, étrangler. Χυναγχη, douleur interne localisée dans la région du cœur et derrière le sternum, s'irradiant dans la région sternale, dans les épaules et dans le bras ~~gauche~~. C'est à vrai dire une angine du cœur. Lésion fonctionnelle intermittente du cœur. Affection grave.

**Anosmie, Anosphrésie**, s. f. — *Anosmia, anosphresia*, de αν, privatif et οσμή, odeur, ou οσφρυσίς, odorat. Diminution ou perte complète de l'odorat.

**Apatite** (minéralogie). — Phosphate de chaux naturel. La chaux phosphatée appartient aux terrains anciens. Le granit, les schistes talqueux ou chloriteux, les roches volcaniques en renferment assez fréquemment. On le rencontre aussi dans les filons métallifères, dans ceux du Cornouailles, ou d'Arendal en Norwége, par exemple.

**Aphone**, adj. — Voir *Aphonie*, atteint d'aphonie.

**Aphonie**, s. f. — *Aphonia*, αφονια, qui est sans voix, qui est *aphone*. V. ce mot. Le froid excessif, ou une émotion vive, peut provoquer l'aphonie, la perte subite de la voix.

**Arthritisme** ou mieux *arthritie*, s. f. — De αρθρον, articulation, nom donné à la goutte. Voir *Arthritique*.

**Arthritique**, adj. — *Arthriticus*, de αρθρον, articulation. Douleurs arthritiques, douleurs de la goutte, douleurs articulaires.

**Astringent, ente**, adj. et s. m. — De *astringere*, resserrer, de *ad*, a, et *stringere*, serrer, στρυνος, astringents. Médicaments qui ont la propriété de déterminer une sorte de crispation dans les parties avec lesquelles on les met en contact ; resserrer les veines, les artères, les vaisseaux, les ouvertures, etc., etc. Les astringents employés à l'extérieur sont le plus ordinairement appelés styptiques. V. ce mot.

**Atavique.** — V. *Atavisme.*

**Atavisme.** — En botanique, tendance des hybrides à retourner à leur type primitif. En physiologie : ressemblance avec les aïeux. En pathologie : retour aux petits-enfants des maladies, des tempéraments et des ressemblances ayant été l'apanage des ancêtres.

**Autoplastie**, s. f. — De αὐτος, soi-même, et πλασσειν ou πλαττειν, faire, imiter, faire un nez. V. *Rhinoplastie.*

B

**Bromidrose**, s. f. — Βρύμις, puanteur, et ιδρός,
sueur, sueur fétide ; puanteur des pieds (*Bromidrose pedum*).

C

**Cellule**, s. f. — *Cellula*, diminution de *cella*,
loge ; petite loge, petite cavité. Interstice, maille
que présentent les tissus. Point microscopique du
début des corps simples et composés : origine de
la vie tangible.

**Céphalalgie**, s. f. — *Cephalalgia*, χεφαλαλγια, de
χεφαλη, tête et αλγος, douleur. Douleur de tête.

**Chlorophylle**, s. f. — De χλορός, vert et φυλλον,
feuille. Matière verte des feuilles.

**Chorée**, s. f. — De χορεια, danse ; *chorea*. Maladie qui consiste dans des mouvements continuels,

irréguliers et involontaires, d'un certain nombre des organes mus par le système locomoteur volontaire. On l'a encore appelée *danse de Saint-Guy*, (V. ce mot) du nom d'une chapelle près d'Ulm, en Souabe, dédiée à Saint-Guy. Cette maladie attaque beaucoup de jeunes filles qui ont eu des émotions vives : frayeur, joie excessive, jouissances trop répétées, etc., etc., ou sous le coup d'une menstruation difficile.

**Combinaison**, s. f. — De *cum*, avec, et *bini*, deux. Réaction que deux ou plusieurs corps exercent l'un sur l'autre, de manière à produire un tout dont la plus petite partie renferme les composants dans la même proportion que la masse totale. Il y a *mariage* quand il y a combinaison et affinité : Les créateurs disparaissent en engendrant les créatures, comme dans la vie animale.

**Compatissance**, s. f. — Humanité ; intérêt sympathique, plus tendre que la compassion, qu'on porte aux peines d'autrui et qui fait qu'on en souffre soi-même.

**Concret**, ète, adj. — Qui peut être mesuré, déterminé, touché, limité, etc.; opposé à *abstrait*. Voir ce mot.

**Congénital**, ale, *congenitus*, de *cum*, avec, ensemble, et *genitus*, engendré. Affections congénitales. Celles qui dépendent de l'organisation primitive de l'individu, qui existent au moment de sa naissance.

**Coryza**, s. m. — *Coryza*, χορυζα. Inflammation catarrhale de la membrane muqueuse des fosses nasales. Vulgairement appelé : *rhume de cerveau* ou *rhénite*. Il y a le *coryza des nouveau-nés* que nous signalons aux jeunes mères et qui est une affection grave à cause des accidents consécutifs qu'il peut entraîner. L'enfant peut s'étouffer en tétant, si l'on ne ménage pas sa respiration.

**Cosmologie**, s. f. — Science des lois du monde physique.

**Cosmopolitisme**, s. f. — Système, mœurs du cosmopolite, c'est-à-dire du citoyen du monde. Le progrès seul peut être cosmopolite , puisqu'il représente l'esprit humain en route à travers les mondes. L'homme, isolé, ne saurait être cosmopolite sans être, en même temps un profond égoïste.

# D

**Daltoniens**, s. m. — Ceux qui sont affectés de *daltonisme*. V. ce mot.

**Daltonisme**, s. m. — Vice de la vue qui empêche de distinguer les couleurs. V. *Dyschromatopsie*.

**Danse de Saint-Guy**, s. f. — Maladie caractérisée par des mouvements désordonnés des membres et du corps. V. *Chorée*.

**Diagnostic**, s. m. — *Diagnosis*, διάγνωσις, discernement. Partie de la médecine qui a pour objet la distinction des maladies.

**Dichotome**, adj. — Se dit d'une tige d'abord simple, puis bifurquée en deux branches, dont chacune se bifurque de nouveau. V. *Dichotomie*.

**Dichotomie**, s. f. — *Dichotomia*, διχοτομια, de δίχα, en deux parties et τομή, division; *dicotomia*. Mode de division de certaines tiges dont chaque division se subdivise en rameaux *dichotomes*. (Voir ce mot.)On donne aussi le nom de *dichotomie* à un classement, à un raisonnement qui procède régulièment par deux embranchements.

**Dilution**, s. f. — *Dilutio*, de *diluere*, délayer, ἀπόβρεγμα. Action de délayer une substance dans un liquide, jusqu'à la dernière limite possible de la division.

**Diplopie**, s. f. — *Visus duplicatus*, *diplopia*, de διπλόος, double, et ωψ, œil. Vue double, on voit deux objets quand on ne devrait en voir qu'un, et qu'il n'y en a qu'un en réalité.

**Dyschromatopsie**, s. f. — De δύς, mal, χρωμα,

couleur, et ὀπτεσθαι, voir, *dallonisme* (Voir ce mot)
du nom du chimiste Dalton qui était affecté de ce
vice de la vue et qui l'a décrit. Certains malades ne
voient pas le rouge, d'autres le vert ; d'autres ne
constatent que deux couleurs : le *blanc* et toutes
les autres couleurs confondues dans une seule : le
*noir*. On comprend toute l'importance qu'un gouvernement devrait apporter dans ses écoles, à l'éducation des yeux des enfants appelés à faire des
commerçants ayant besoin de reconnaître les nuances des étoffes, des couleurs et des rubans ; des
employés de chemin de fer et des marins devant reconnaître les signaux, des peintres devant éviter les
coups de soleil trop rouges, trop jaunes ou les plats
d'épinards, etc., etc. Que d'accidents terribles on
pourrait éviter ! Que de ruines commerciales et que
de carrières brisées l'on pourrait prévenir par l'é-
tude de cette infirmité, dont on ne connaît seulement pas le nom dans nos écoles primaires et se-
condaires.

Encéphale, s. m. — *Encephalum*, ἐγκέφαλος, de ιν,
dans, κεφαλη, tête. Ensemble de toutes les parties

contenues dans la cavité du crâne. V. *Encéphalique*.

**Encéphalique**, adj. — *Encephalicus*, qui a rapport à l'*encéphale*. V. ce mot.

**Encéphalite**, s. f. — *Encephalitis*, inflammation de l'encéphale (V. ce mot); inflammation du cerveau ou *cérébrite*, et celle de cervelet ou *cérébellite*.

**Eléphantiasique**, adj. — Qui est affecté d'*éléphantiasis*. V. ce mot.

**Eléphantiasis**, s. m. — *Elephantia, elephantiasis, elephantiasmus*, ελεφας, ελεφαντιασις, de ελεφας, éléphant. Maladie grave de la peau, qui provoque des tumeurs *lardacées*, souvent considérables, et qu'on enlève de temps en temps, comme des tranches de mauvais melon pas mûr, et qui se reproduisent vite. La peau ressemble à celle d'un éléphant.

**Emphysème**, s. m. — *Emphysema*, ἐμφισυμα, de εμφυσιν, souffler dedans, de εν, dans, et φυσα, souffle. Tumeur blanche, luisante, élastique, indolente, causée par l'introduction de l'air dans le tissu cellulaire.

**Ethique**, s. f. — Science des mœurs, morale; qui a rapport à la morale.
Matérialisme éthique ou moral, en opposition au matérialisme scientifique. Le premier, l'éthique, est

celui des jouisseurs proprement dits ; le second,
celui des chercheurs des lois naturelles.


## F


**Fécaloïde**, adj. — Qui a l'odeur des matières fécales.

**Feldspath** ou **Felspath** (minéralogie). — Substance minérale très dure qui raie le verre. Chauffé
à l'aide d'un chalumeau il fond et se transforme en
un bel émail blanc. Les feldspaths se composent de
silice, d'albumine et d'une autre base, potasse ou
soude ordinairement.


## G


**Gencivite**, s. f. — Inflammation des gencives.

**Génération spontanée**, s. f. — C'est la manifes-
tation d'un être nouveau et dénué de parents ; par
conséquent une génération primordiale, une *création*

*naturelle* (Haëckel). Voir *Hétérogénie* et *panspermie*.

Théorie soutenue par Pouchet contre Pasteur.

**Gestation**, s. f. — *Gestare*, porter, χύησις. Temps pendant lequel une femelle conserve, dans son corps, le nouvel être qu'elle a conçu et le nourrit à ses propres dépens jusqu'à ce qu'il soit en état de venir au monde.

**Glandes sébacées.** — Ces glandes innombrables sont placées dans le tissu adipeux sous-cutané, c'est-à-dire de la peau. Elles sécrètent des matières et des liquides *sébacés* qui composent les variétés innombrables des parfums humains.


# H


**Hématose**, s. f. — *Hæmatosis*, de αἷμα, sang. Sanguification ou conversion du chyle en sang, et du sang veineux en artériel.

**Hémorrhagie**, s. f. — *Hæmorrhagia*, αἱμορραγία, de αἷμα, sang et ῥήγνυμι, je romps; effusion d'une quantité notable de sang par suite de la rupture d'un vaisseau sanguin.

**Herpétique.** adj. — *Herpeticus*, de ἕρπης, dartre. Qui est de nature dartreuse.

**Herpétisme,** s. m. — État général de certains malades qui fait qu'une affection herpétique ayant disparu, reparaît bientôt sur quelque autre point de la peau. V. *Herpétique.*

**Hétérogénie,** s. f. — Toute production d'être vivant qui, ne se rattachant pas à des individus de la même espèce, a pour point de départ des corps d'une autre espèce, et dépend d'un concours d'autres circonstances. V. *Génération spontanée.*

**Homœopathe,** s. m. — Celui qui pratique la méthode médicale dite : homœopathie. V. *Homœopathie.*

**Homœopathie,** s. f. — De ὅμοιον, semblable, et πάθος, maladie. Méthode thérapeutique, imaginée par Samuel Hahnemann, de Leipzig, qui consiste à traiter les maladies à l'aide d'agents qu'on suppose doués des symptômes semblables à ceux qu'on veut combattre. C'est le contraire d'*Allopathie.* V. ce mot.

**Hygiène,** s. f. — *Hygiene*, de ὑγιεινός. Partie de la médecine qui traite des règles à suivre pour le choix des moyens propres à entretenir la santé en entretenant l'action normale des organes dans les différents âges, les différentes constitutions, les différentes conditions de la vie et les différentes professions : « *Connais-toi toi-même ; use de tout mais n'abuse de rien et arrête toute maladie au début.* »

**Hypérhidrose**, s. f. — *Hyperhidrosis*, supersécrétion de sueur.

**Hypertrophie**, s. f. — *Hypertrophia*, de ὑπερ, proposition qui exprime un excès, et τροφη, nutrition. Accroissement excessif d'un organe ou d'une portion d'organe, caractérisée par une augmentation de son poids et de son volume, sans altération réelle de sa texture intime ; c'est le résultat d'une nutrition anormale et trop active.

**Hypochondriaque**, adj. et s. m. — *Hypochondriacus*. Qui est affecté d'hypochondrie. V. *Hypochondrie*.

**Hypochondrie**, s. f. — *Hypochondria*. Maladie caractérisée par un trouble dans la digestion, sans fièvre ni lésion locale ; troubles généraux du système nerveux. Commune chez les individus doués de grandes facultés intellectuelles, mais irritables, épuisés par des travaux de l'esprit, par des passions vives, etc. Le traitement de cette maladie consiste presque uniquement dans l'emploi des moyens hygiéniques et des influences morales.

# I

**Idiosyncrasie**, s. f. — *Idiosyncrasia*, de ιδιος, propre, σύν, avec, et κρασις, tempérament. Disposition qui fait que chaque individu a une susceptibilité particulière, une manière à lui propre d'être influencé par tels ou tels remèdes.

# L

**Léthargie**, s. f. — *Lethargus, lethargia*, de ληθη, oubli, et αργια, paresse. Paresse, engourdissement du cerveau. Sommeil profond et prolongé.

**Leuchorrée**, n. f. — De *leucorrhœa*, de λευκὸς, blanc, et ρειν, couleur, fleurs blanches. Catarrhe ou inflammation plus ou moins chronique de la membrane muqueuse de l'utérus et du vagin, accompagné d'un écoulement muqueux, à couleur variable, blanc, jaune, vert, sanguinolent, souvent très abondant.

**Leucorrhéique**, ad. — Se dit d'une femme affectée de *leucorrhée*. V. ce mot.

**Lymphe**, s. f. — *Lympha*, de λύμφη, eau. Liquide contenu dans les vaisseaux lymphatiques. La lymphe est coulante, claire, transparente, d'un jaune pâle ou tirant sur le verdâtre. C'est le liquide réparateur des plaies, surtout des plaies de la peau; on le voit poindre en gouttelettes à la place d'une excoriation récente.

## M

**Macrocosme**, s. m. — *Macrocosmus*, de μακρὸς, grand, et κοσμος, monde. Nom que quelques philosophes anciens et modernes ont donné à l'univers, par opposition à *microcosme* (Voir ce nom), mot par lequel ils désignent l'homme.

**Ménopause**, s. f. — De μὴν, mois, παυσις, cessation. Cessation des règles; temps critique des femmes.

**Métaphysique**, s. f. — Τὰ μετὰ τὰ φυσικὰ. La métaphysique étant dite *ce qui est au-dessus des choses sensibles*, c'est-à-dire qui est *trop subtil* pour être appréciable ou saisi par nos sens. La philosophie positive a remplacé la métaphysique, comme la réalité remplace le rêve et l'illusion. V. *Positif* et *Sociologie*.

**Microcosme**, s. m. — *Microcosmus*, de μικρος, petit, et κόσμος, monde.

Nom que quelques philosophes ont donné à l'*homme*, qu'ils considéraient comme l'abrégé de tout ce qu'il y a d'admirable dans le monde.

Paracelse et les médecins astrologues qui, faisant jouer un rôle important aux influences sidérales, trouvaient une analogie particulière entre le *microcosme* et le *macrocosme*. (Voir ce nom.)

Selon eux, l'homme, ou le *microcosme*, a deux pôles, comme le globe terrestre : la bouche est le pôle arctique, et le ventre le pôle antarctique ; la ligne médiane est l'axe polaire ; le cœur de l'homme est influencé par le soleil, qui est le cœur du *macrocosme* ; la tête est la résidence de l'âme, comme le ciel est celle de la Divinité, etc., etc.

**Micrographe**, s. m. — Celui qui s'occupe de micographie.

**Micrographie**, s. f. — *Micographia*, de μικρος, petit, et γράφειν, décrire. Mot employé pour désigner la description des corps qui ne voient qu'à l'aide du microscope. V. *Microscopie*.

**Micropsie**, s. f. — Μικρος, petit, et όψις, vue. Altération de la vue dans laquelle on voit les objets plus petits qu'ils ne sont. Voir *Microscope*.

**Microscope**, s. m. — *Microscopium*, de μιχρος. petit, et σχοπειν, considérer. Tout instrument qui, interposé entre l'œil et les objets rapprochés, a la propriété de les faire paraître plus gros qu'ils ne sont. Voir *Micropsie*.

**Microscopie**, s. f. — Examen des pièces au microscope. Voir *Micographie*.

**Microscopique**, adj. — Se dit de ce qu'on fait ou de ce que l'on ne peut voir qu'à l'aide du microscope.

**Microscopiste**, s. m. — Celui qui se sert du microscope. V. *Micrographe*.

**Morbifique**, adj. — *Morbificus*, νετερος, qui cause ou produit la maladie : *principe morbifique*, *miasmes morbifiques*.

# N

**Névrose**, s. f. — *Nevrosis*. Nom générique des maladies qu'on suppose avoir leur siège dans le système nerveux.

**Nostalgie**, s. f. — *Nostalgia*, de νοστος, retour,

et *ἄλγος*, tristesse, désir violent de revoir sa patrie.
Voir *Philopatridalgie*.

O

**Odoroscopie**, s. f. — Qui a trait à l'étude des odeurs, à leur volatisation et au principe absolu de toute émanation odorante. V. *Olfaction*.

**Œdème**, s. m. — *Œdema*, οἴδημα, de οἴδειν, grossir, se gonfler. Gonflement sans douleur, sans rougeur ni tension, cédant à la pression du doigt et la conservant pendant quelque temps; formé par de la sérosité (eau) infiltrée dans le tissu cellulaire.

**Olfactif, ive**, adj. — Qui a rapport à l'odorat. V. *Pituitaire*.

**Olfaction**, s. f. — *Olfactio*, ὄσφρησις, olfaction. Exercice actif du sens de l'odorat. V. *Pituitaire*.

**Osphrésiologie**, s. f. — *Osphresiologia*, de ὄσφρεσις, l'odorat, et λογος, discours. Discours sur les odeurs.

**Osphrésiologique**, adj. — Voir *Osphrésiologie*.

**Oxydation**, s. f. — Combinaison d'un corps avec l'oxygène, partie de l'air qui oxyde, brûle.

Exemple : Le gaz oxygène et le zinc font de l'oxyde de zinc ; le gaz oxygène et le fer, de l'oxyde de fer ou rouille. — Le gaz oxygène et le cerveau : *de l'oxyde nerveux ou pensée*.

**Ozène**, s. m. — *Oʒœna*, ὄζαινα, de ὄζειν, sentir mauvais. Ulcère du nez qui répand une odeur repoussante. *Punais*, nom indiquant les malades affectés de *punaisie* ou ozène. V. *Punais* et *Punaisie*.

P

**Panspermie**, s. f. — *Panspermia*, de ὀλς, tout, et σπέρμα, graine. Système physiologique suivant lequel les germes sont distribués dans toutes les parties de la terre et de l'espace qui l'environne, et se développent quand ils rencontrent des corps disposés à les retenir et à les faire croître. — Théorie soutenue par Pasteur contre Pouchet. Voir *Génération spontanée*.

**Pathologie**, s. f. — *Pathologia*, παθολογια, de παθος, maladie, et λογος, discours. Science concrète ou d'application qui traite de tous les désordres survenus, soit dans la disposition matérielle des parties constituantes de l'organisme, soit dans les actes qu'elles sont appelées à remplir. La pathologie comprend l'*anatomie*, la *médecine* et la *physiologie*.

**Pathologiques**, adj. — *Pathologicus*, qui a rapport à la *pathologie*. V. ce mot.

**Perspiration**, s. f. — *Perspiratio*, de *per*, à travers, et *spirare*, souffler; διαπνοὴ. Exhalation insensible à la surface de la peau ou d'une membrane séreuse; transpiration.

**Philopatridalgie**, s. f. — De φιλος, ami, πατρις, patrie, et αλγος, douleur. Nom du *mal du pays*. V. *Nostalgie*.

**Philosophie**, s. f. — *Philosophia*, φιλοσοφια, de φιλός, ami, σοφια, sagesse. Ami de la sagesse. Système de notions générales ou abstraites (ces deux termes sont ici synonymes) sur l'ensemble des choses. Elle représente trois phases essentielles qui correspondent à trois phases successives dans la civilisation : Elle est, dit Littré, progressivement *théologique*, *métaphysique* et *positive*.

Dans la première, Dieu fait tout; dans la seconde on critique et l'on ébranle vigoureusement les temples du Dieu ou des Dieux de la première période; dans la troisième, on renonce à la recherche de l'absolu, c'est-à-dire des causes premières et des causes finales, désormais reconnues inaccessibles, et bonnes seulement pour occuper l'enfance de l'esprit humain, et l'on s'applique uniquement à la recherche des lois et des conditions.

Ce qui revient à dire que l'homme, plus sérieux et plus modeste, commence par apprendre et par appliquer ce qu'il a appris, avant de formuler des hypothèses. Un des plus puissants cerveaux humains, Biot, mourait à 89 ans, dans toute la plénitude de ses facultés intellectuelles en disant : « Je commence à m'apercevoir que je sais quelque chose. »

**Phosphate**, s. m. Esp. *Fosfato*. — Nom générique des sels formés par l'union de l'acide phosphorique avec les différentes bases.

**Physiologie**, s. f. — *Physiologia*, de φυσις, nature, et λογος, discours, traité. Étude des corps organisés, science de la nature et de la vie.

**Physiologiste**, s. m. — *Physiolog, fisiologista*. Celui s'occupe spécialement de physiologie.

**Pituitaire**, adj. — *Pituitarius*, de *pituita*, pituite ou mucosité. Cette membrane est tapissée de filets nerveux provenant du nerf olfactif : c'est la *rétine nasale*. Voir *Olfaction*.

**Polycarcie**, s. f. — Développement considérable du tissu adipeux. Multiplication exagérée des cellules graisseuses ou tissu cellulaire.

**Polycarcique**, adj. — V. *Polycarcie*.

**Positif, tive**, adj. — *Positivus*, précis. *Philosophie positive*, précise, concrète, exacte.

N'abordant jamais le champ de l'inconnu que sous l'étiquette : *hypothèse*, afin de ne tromper personne. N'admettant, comme loi scientifique et positive que les lois soumises au contrôle le plus sévère de la science expérimentale. Ne niant ni ne respectant l'inconnu, mais poussant à connaître tout ce qui est du domaine de nos investigations et à la portée de nos sens. Opposée à la religion ou *philosophie révélée*, *théologique* et *métaphysique*. V. ces mots. Philosophie créée par Aug. Comte et enseignée si doctoralement par Littré, sous le titre de *Philosophie positive* ou *Sociologie*. V. ce mot.

**Prophylactique**, adj. — *Prophylacticus*, de προφυλασσειν, garantir; synonyme de *préservatif*. Partie de l'hygiène qui a pour objet les précautions propres à prévenir les maladies.

**Prophylaxie**, s. f. — Synonyme de *préservation*, et mieux, précaution contre le développement d'une maladie pouvant survenir : *prophylaxie* de la peste, de la variole, de la phthisie, du choléra, etc.

**Prolifique**, adj. — Qui a la faculté d'engendrer.

**Psychiatrie**, s. f. — De ψυχη, âme, et ιατρος, médecin. Doctrine des maladies mentales et de leur traitement. *Médecine psychique.*

**Psychologie**, s. f. — *Psychologia*, de ψυχη, âme, et λòγος, discours. Science qui traite de l'âme ou des facultés intellectuelles affectives. Ce mot signifie : étude du moral et de l'intelligence, sans prendre en considération les parties qui en sont les organes. Pour nous, nous étendons le mot aux organes : il n'y a pas de pensée en dehors du cerveau.

**Ptyalisme**, s. m. — *Ptyalismus*, πτυαλισμος, de πτυαλον, salive. Synonyme de salivation. Sécrétion surabondante de salive.

**Puberté**, s. f. — *Pubertas*, ήδη. Age où apparaît la faculté procréatrice chez la fille et chez le garçon.

**Punais**, adj. et s. m. — V. *Ozène*.

**Punaisie**, s. f. — Terme employé pour désigner l'ozène. V. *Ozène*.


# R


**Révélation**, s. f. — Action de révéler, de tirer, de comprendre, d'inspirer, etc... Une religion révélée, divine, par laquelle Dieu a fait connaître sa loi, sa venue, ses mystères, etc... Croire à la religion révélée est chose commode pour les esprits paresseux qui sont, par la croyance aveugle, dispensés de réfléchir et de penser. Avec de l'argent, certains hommes faisaient penser et prier pour eux. On dit qu'il y a encore de ces paresseux dans le monde. Opposé de *positif*. V. ce mot.

**Rhinoplastie**, s. f. — De ριν, nez, et πλασσειν, former est un exemple d'*autoplastie*. V. ce mot.

# S

**Scorbut**, s. m. — Affection générale de l'économie s'accompagnant très souvent d'une altération plus ou moins prononcée des gencives.

**Sociocratie**, s. f. — Nom donné par Auguste Comte à la partie populaire et pratique de la sociologie. V. *Sociologie*.

**Sociologie**, s. f. — De *Societas* et λογος, traité, discours sur la société. La sociologie est le couronnement des sciences, la tête du grand corps des connaissances humaines. C'est par elle que nous passons en revue l'évolution des mondes et les conceptions humaines primitivement *théologiques*, puis *métaphysiques*, et *finalement positives*. V. ces mots.

**Spasme**, s. m. — *Spasmus*, σπασμός ; contraction involontaire des muscles, notamment de ceux qui n'obéissent pas à la volonté.

**Spasmodique**, adj. — *Spasmodicus*, σπασμοδης, qui appartient aux *spasmes*. V. ce mot.

**Spécifique**, adj. — *Specificus*, de *species*, espèce, et *facere*, faire. Agents qui déterminent une lésion et des troubles spéciaux du sang ou des tissus, ou de tel tissu en particulier.

**Spermatique**, adj. — *Spermaticus*, σπερματικὸς, qui a rapport au sperme, c'est-à-dire au liquide caractéristique de la semence des animaux supérieurs.

**Spontanéité**, s. f. — Apparition de phénomènes qui sont la conséquence forcée et quelquefois nécessaire de certaines propriétés inhérentes (faisant partie) de la substance organisée. V. *Génération spontanée*.

**Spontané, ée.** — Se dit de tout phénomène physique qui s'opère sans l'intervention d'un agent externe.

**Stase**, s. f. — *Statio*, de στασις, l'action de s'arrêter. Séjour du sang ou des humeurs dans quelque partie du corps, à cause de la cessation ou de la lenteur de leur mouvement. Défaut de combustion dans les poumons, défaut d'énergie dans le cœur.

**Stomatite**, s. f. — *Stomatitis*, de στόμα, bouche. Inflammation de la membrane muqueuse de la bouche.

**Stypticité**, s. f. — De στυπτιχος, styptique, de στυφειν, exercer une action astringente. Qualité de ce qui est *styptique*. V. ce mot.

**Styptique**, adj. et s. m. — *Styptícus*, στυπτικός. Voir *Astringent*.

**Syphilitique**, adj. — Qui tient à la syphilis ou qui en est atteint. V. *Syphilis*.

**Syphilis**, s. f. — Mal français, napolitain, espagnol ; mal des Allemands, des Polonais, des chrétiens, des Turcs, etc. On la nommait en outre, en France, mal du saint homme Job ; vérole, grosse vérole, etc... On ne connaît pas l'étymologie de ce mot aux racines universelles. On l'appelait σιφλος, haïssable. C'est la plus hideuse, en effet, des maladies dont on ne guérit jamais.

**Tavelée**, adj. — Qui a des taches de rousseur sur le visage. Rousse tavelée, roux tavelé, etc.


# T


**Tégument**, s. m. — *Tegumentum*, *tegumen*, de *tegere*, couvrir. Tout ce qui sert à couvrir, à envelopper : la peau est le *tégument* du corps de l'homme et des animaux. En botanique, *téguments floraux :* les enveloppes immédiates des organes sexuels.

Théologie, s. f. — *Theologia*, de θεος Dieu, et λογος, discours, traité. Discours sur Dieu, la religion et la *révélation*. V. ce mot.

Théosophie, s. f. — Θεοσοφια, connaissance des choses divines, de θεὸς, Dieu, et σοφια, savoir. Savoir Dieu, connaître Dieu. État de certains hallucinés (dits aussi *illuminés*) qui prétendent se mettre en communication avec la divinité et en recevoir des dons particuliers ou en combattre l'influence ou l'intervention, soit par l'intermédiaire des génies ou des démons dans certains phénomènes qu'on suppose contraires aux lois naturelles ; soit par l'intermédiaire des astres ou des fluides.

Thérapeutique, s. f. — *Therapeutice*, θεραπετειν, soigner, guérir. Partie de la médecine qui a pour objet l'art de guérir, ou le traitement des maladies.

Trachéotomie, s. f. — *Tracheotomia*, de τραχεια, trachée, et τομὴ, section ; section de la trachée. Opération chirurgicale dans laquelle on établit une communication entre la trachée et l'extérieur au-dessous du larynx. Opération du croup chez les enfants, etc.

Traumatique, adj. — *Traumaticus*, de τραυμὰ, plaie ou blessure. Qui a rapport aux plaies, qui est causé par une plaie ; fièvre traumatique, fièvre consécutive à une plaie.

**Trépanation**, s. f. — *Terebratio*, τρύπησις. Opération du trépan qui consiste à percer un os, souvent le crâne, pour donner issue à du pus, dans les cas d'abcès de toutes sortes dans les régions de la tête.

# TABLE DES MATIÈRES

## CHAPITRE IV

### PERCEPTION DES ODEURS PAR LES ANIMAUX



## CHAPITRE V

### PERTE DE L'ODORAT



## CHAPITRE VI

### MALADIES ORGANIQUES DU NEZ

## CHAPITRE VII

### LES ATTRIBUTIONS PSYCHOLOGIQUES
### D'UN NEZ SAVANT

# CHAPITRE VIII

## ANOMALIES OSPHRÉSIOLOGIQUES



# CHAPITRE IX

## FALSIFICATION DES ALIMENTS

## CHAPITRE X

### DISTRIBUTION DU PARFUM DE LA FEMME ET PERVERSION DU SENS OLFACTIF



## CHAPITRE XI

### LE PARFUM ET L'HYGIÈNE DE LA BOUCHE

# CHAPITRE XII

### NOUVEAUX ATTRIBUTS DU SENS DE L'OLFACTION
### ET DES PARFUMS DE LA FEMME
### FIXATION DES ODEURS



# CHAPITRE XIII

### INFLUENCES DES PASSIONS ET DES ÉMOTIONS
### DIVERSES SUR LE PARFUM DE LA FEMME

## CHAPITRE XIV

### LES HALLUCINATIONS DU SENS DE L'OLFACTION

### LE DIVORCE

### ET LES FEMMES CALOMNIÉES PAR LES HOMMES



## UN SECRET PROFESSIONNEL



## L'HYGIÈNE DE LA PEAU

### PROPHYLAXIE DE LA PHTHISIE



FIN DE LA TABLE


Imprimerie Émile Colin, à Saint-Germain.